Flight Theory and Simulation Modeling

飞行原理与仿真建模

李国辉　王　刚　编著

北京理工大学出版社
BEIJING INSTITUTE OF TECHNOLOGY PRESS

内容简介

本书系统地介绍了飞机的飞行原理和飞行力学的仿真建模过程。全书共分 5 章。第 1 章介绍飞行系统的基本概念；第 2 章介绍飞机的空气动力学特性；第 3 章介绍飞行运动方程和飞行性能；第 4 章介绍飞机的平衡、稳定和操纵性能；第 5 章介绍飞行动力学的建模过程，并给出了具体的编程实例。

本书可作为飞行仿真工程专业师生的教材，也可作为工程技术人员的参考书。

版权专有　侵权必究

图书在版编目（CIP）数据

飞行原理与仿真建模 / 李国辉，王刚编著. —北京：北京理工大学出版社，2020.8（2025.3 重印）
ISBN 978 - 7 - 5682 - 8942 - 9

Ⅰ. ①飞⋯　Ⅱ. ①李⋯ ②王⋯　Ⅲ. ①飞行原理②飞行模拟 - 计算机仿真　Ⅳ. ①V212

中国版本图书馆 CIP 数据核字（2020）第 159072 号

出　　版 / 北京理工大学出版社有限责任公司	
社　　址 / 北京市海淀区中关村南大街 5 号	
邮　　编 / 100081	
电　　话 /（010）68914775（总编室）	
（010）82562903（教材售后服务热线）	
（010）68948351（其他图书服务热线）	
网　　址 / http://www.bitpress.com.cn	
经　　销 / 全国各地新华书店	
印　　刷 / 廊坊市印艺阁数字科技有限公司	
开　　本 / 710 毫米 × 1000 毫米　1/16	
印　　张 / 11.5	责任编辑 / 张海丽
字　　数 / 202 千字	文案编辑 / 张海丽
版　　次 / 2020 年 8 月第 1 版　2025 年 3 月第 2 次印刷	责任校对 / 周瑞红
定　　价 / 52.00 元	责任印制 / 李志强

图书出现印装质量问题，请拨打售后服务热线，本社负责调换

前　言

近年来，仿真技术获得极为广泛的应用，广泛应用于国防、军事、能源、交通、工业、农业、经济、管理等工程与非工程领域。其中，飞行仿真在航空领域得到极大的发展。

本书根据作者长期教学和科研实践的经验并加以总结，以飞行仿真为特色，着眼于对飞行系统建模的基本原理进行阐述，同时力图反映现代仿真技术的最新发展。本书将空气动力学、飞行力学与飞行力学的建模知识有机结合起来，以便更好地进行教学。本书内容可供从事飞行仿真技术工作的科研人员、工程技术人员和教学人员参考。

本书适用于不同机种、不同机型的飞行模拟器，在使用过程中应根据学时和专业情况酌情使用。本书中所介绍的飞机运动方程和飞行模拟器所用的坐标系和符号，均按照国家标准 GB/T 14410.1—1993 的规定。

本书共5章，由李国辉、王刚编著。在编写过程中，还得到了胥文、陈海萍等人的协助和支持。本书的插图由胡淼绘制。

由于作者水平有限，书中的缺点和错误在所难免，恳请读者批评指正。

作　者

2020 年 7 月

目 录

第1章 绪论 ·· 001
  1.1 飞行性能模拟系统简介 ·· 002
  1.2 飞行性能模拟系统的数学模型 ······································ 003
  1.3 飞行性能模拟系统的组成 ·· 004
  1.4 飞机的主要组成部分及功用 ··· 005

第2章 飞机的空气动力特性 ··· 009
  2.1 机翼的形状、迎角和侧滑角 ··· 010
    2.1.1 机翼的形状 ·· 010
    2.1.2 机翼的迎角和侧滑角 ·· 014
  2.2 升力、阻力的产生原理 ·· 015
    2.2.1 升力 ·· 015
    2.2.2 阻力 ·· 021
    2.2.3 增升装置 ·· 025
  2.3 全机的空气动力性能 ··· 026
    2.3.1 全机空气动力计算 ·· 026
    2.3.2 衡量全机空气动力性能的主要指标 ························ 028
  2.4 飞机的高速空气动力特性 ·· 030

2.4.1　高速气流特性 ……………………………………………… 030
　　　2.4.2　翼型的高速空气动力特性 ………………………………… 034

第3章　飞机的飞行性能 ………………………………………………… 045

3.1　常用坐标系的定义 …………………………………………………… 046
　　　3.1.1　坐标系的定义 ………………………………………………… 046
　　　3.1.2　几个常用的角度 ……………………………………………… 048
3.2　飞机的运动方程 ……………………………………………………… 050
　　　3.2.1　飞机的动力学方程 …………………………………………… 051
　　　3.2.2　飞机的运动学方程 …………………………………………… 053
3.3　发动机推力特性 ……………………………………………………… 059
3.4　飞机的基本飞行性能 ………………………………………………… 063
　　　3.4.1　飞机的平飞需用推力 ………………………………………… 064
　　　3.4.2　飞机的定直平飞性能 ………………………………………… 065
　　　3.4.3　飞机定直上升性能 …………………………………………… 065
　　　3.4.4　飞行包线 ……………………………………………………… 067
3.5　飞机的机动飞行性能 ………………………………………………… 068
　　　3.5.1　飞机的机动性与过载 ………………………………………… 068
　　　3.5.2　平飞加速和减速性能 ………………………………………… 069
　　　3.5.3　跃升性能和动升限 …………………………………………… 070
　　　3.5.4　俯冲性能 ……………………………………………………… 071
　　　3.5.5　盘旋性能 ……………………………………………………… 071
3.6　飞机的起飞和着陆性能 ……………………………………………… 072
　　　3.6.1　起飞性能 ……………………………………………………… 072
　　　3.6.2　着陆性能 ……………………………………………………… 075
　　　3.6.3　缩短起飞着陆滑跑距离的措施 ……………………………… 077

第4章　飞机的平稳操性能 ……………………………………………… 079

4.1　飞机的纵向平衡性能 ………………………………………………… 080
　　　4.1.1　飞机的重心和焦点 …………………………………………… 080
　　　4.1.2　纵向平衡性能的实质 ………………………………………… 084
　　　4.1.3　飞机的纵向力矩 ……………………………………………… 084
4.2　飞机的侧向平衡性能 ………………………………………………… 089
　　　4.2.1　飞机的方向平衡性能 ………………………………………… 090

  4.2.2 飞机的横向平衡性能 ……………………………………………… 091
 4.3 飞机的纵向静稳定性 …………………………………………………… 093
  4.3.1 稳定性的概念 …………………………………………………… 093
  4.3.2 迎角静稳定性及其影响因素 …………………………………… 095
 4.4 飞机的侧向静稳定性 …………………………………………………… 098
  4.4.1 飞机的方向静稳定性 …………………………………………… 098
  4.4.2 飞机的横向静稳定性 …………………………………………… 103
 4.5 飞机的纵向静操纵性 …………………………………………………… 108
  4.5.1 纵向静操纵性 …………………………………………………… 108
  4.5.2 重心前限与后限 ………………………………………………… 118
 4.6 飞机的侧向静操纵性 …………………………………………………… 119
  4.6.1 方向静操纵性 …………………………………………………… 119
  4.6.2 横向静操纵性 …………………………………………………… 121
  4.6.3 阻尼力矩和交感力矩 …………………………………………… 124

第5章 飞行动力学的建模与仿真 ……………………………………………… 131
 5.1 飞行性能模拟系统仿真模型的建模方法与组成 ……………………… 132
  5.1.1 数学模型及其建模过程 ………………………………………… 132
  5.1.2 模块化、层次化建模方法 ……………………………………… 134
  5.1.3 飞行系统仿真模型的组成 ……………………………………… 136
 5.2 数据预处理及函数生成 ………………………………………………… 136
  5.2.1 通用数据预处理方法 …………………………………………… 137
  5.2.2 通用函数生成处理 ……………………………………………… 138
 5.3 飞行仿真数据库 ………………………………………………………… 139
  5.3.1 数据库总体结构及管理 ………………………………………… 139
  5.3.2 数据文件类型 …………………………………………………… 141
  5.3.3 气动数据的表达形式 …………………………………………… 142
 5.4 飞行系统仿真模型 ……………………………………………………… 143
  5.4.1 飞行系统仿真模型的组成及功能 ……………………………… 143
  5.4.2 飞行系统各模块的数学模型 …………………………………… 144
 5.5 飞行仿真模型中的奇异性问题 ………………………………………… 156
  5.5.1 四元数法 ………………………………………………………… 156
  5.5.2 双欧拉法 ………………………………………………………… 159
 5.6 飞行系统建模编程实例 ………………………………………………… 160

  5.6.1 实例一 插值运算模块 …………………………………… 160
  5.6.2 实例二 发动机推力模块 …………………………………… 161
  5.6.3 实例三 起落架力和力矩模块 ……………………………… 163

附 录 ……………………………………………………………………… 167
 附录1 国际标准大气数据表 ……………………………………… 168
 附录2 主要参数对照关系表 ……………………………………… 169

参考文献 ………………………………………………………………… 172

第 1 章

绪　论

1.1 飞行性能模拟系统简介

飞行模拟器是典型的人在回路仿真系统。飞行模拟器复现空中飞行环境，用于对飞行员进行起飞、着陆、爬升、转弯、机动飞行等训练，也可用于对飞机飞行性能、飞机操纵品质、机载系统性能进行分析研究。飞行模拟器由仿真计算机、模拟座舱、运动系统、视景系统、音响系统、操纵负荷系统、仿真总控台组成，如图1-1所示。飞行器飞行动力学数学模型、系统模型、仿真环境模型、外干扰模型等由仿真计算机解算，通过运动系统、视景系统、音响系统形成给飞行员多维感知信息仿真环境，飞行员根据上述信息犹如在空中一样操纵"飞机"飞行。

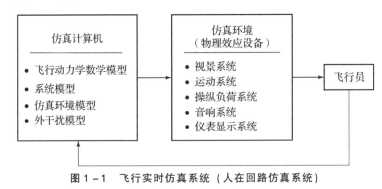

图1-1 飞行实时仿真系统（人在回路仿真系统）

飞行性能模拟系统（又称飞行系统），是指飞行模拟器中用于模拟飞机飞行过程、状态及其性能的软件模块。该软件模块的功能是模拟在飞行员操纵下飞机的响应，即对飞机空气动力特性进行仿真，并将其结果转化为模拟器其他仿真系统输入所需要的有关飞行信息。该软件模块一般采用通用的数学模型，经过适当改造后形成。

飞行性能模拟系统是飞行模拟器的核心，需要计算的参数多，输入/输出量大，计算任务繁重。由于飞行模拟器多个分系统的驱动信号都需要飞行性能模拟系统提供，所以该系统的建模、编程、数据的选取及预处理都直接影响着飞行模拟器的逼真度。可以说，该软件模块是飞行模拟器最重要的软件模块，也是模拟器最难做好的模块，关系到模拟器的像与不像。一般来讲，该软件模块的模型和数据来源，应当是从飞机型号论证开始的飞行性能仿真试验，到设计过程的风洞试验，到飞机操纵与控制系统的仿真试验，到飞机试飞以及整个研制过程。模拟的数据来源和数据的准确性、可信性是该模拟器是否合格的重要前提。

飞行性能模拟系统从有飞行模拟器以来就有了。最早是采用机电机构建立飞行性能模拟数学模型，进行简单的解算，计算误差比较大，结构复杂。之后采用模拟电路和运算放大器组成飞行性能模拟数学模型，计算误差比较小，运算速度比较快。但是可靠性差，程序编制复杂，不便于解算非线性系统和三角函数。

本书从内容结构上，先简要介绍有关飞行性能模拟系统及仿真建模的概念；然后介绍飞机的空气动力性能、飞机的飞行运动方程、飞机的飞行性能和飞机的操纵性能；最后结合飞机的飞行运动方程和飞机的飞行性能与飞机的操纵性能，详细介绍飞行系统的建模方法与具体的建模过程。

1.2 飞行性能模拟系统的数学模型

数学模型就是根据物理概念、变化规律、测试结果和经验总结，用数学表达式、逻辑表达式、特性曲线、试验数据等来描述某一系统的表现形式。本节数学模型特指以数字计算机软件描述的有代表性的飞行性能模拟系统的表现形式。

飞行性能模拟系统数学模型的基础是飞行动力学。飞行动力学是研究飞行器运动规律的科学。空气动力是决定飞行器运动的最重要的力，因此飞行器的运动规律离不开空气动力学的规律，即作用在飞行器上的空气动力与飞行速度、大气状况、飞行器机体对气流的姿态及其变化等的规律。这就决定了飞行动力学与空气动力学的紧密联系。

对于解决任何飞行动力学问题来说，数学模型的建立总是首先的步骤。没有适当的数学模型就不可能进行理论分析、数值计算和数值仿真或半物理仿真。一般来说，飞行器运动的数学模型可能包含以下内容：

①飞行器质心运动的动力学微分方程和运动学微分方程。
②飞行器转动运动的动力学微分方程和运动学微分方程。
③各种几何关系方程。
④作用在飞行器上的空气动力和力矩的函数关系。
⑤飞行器推进装置发出的推力的函数关系。
⑥飞行环境的数学模型。地球大气的密度、压力、温度以及各类风等的数学描述。
⑦控制系统各部分的数学模型以及导航与控制算法的描述。
⑧其他，如目标运动的描述、局部地形的描述等。

对于不同类型的飞行器，在不同的设计阶段，针对不同的目的，所需要的飞行器运动的数学模型的详细程度是不一样的。例如，在不同的场合下，分别把大地（地球）看成固定的平坦大地、旋转的圆球形大地或椭球形大地。虽然严格地说，飞行器的运动是质心运动与转动运动的耦合结果，但在某些情况下，只考虑质心运动的动力学方程，而把旋转运动的动力学方程简化为力矩平衡方程。

1.3 飞行性能模拟系统的组成

飞行性能模拟系统由气动模拟模块，力、力矩和扰动模块，运动方程模块和实时在线检测模块等组成，下面主要介绍前三种模块。

1. 气动模拟模块

气动模拟模块负责完成飞机空气动力特性的仿真计算，即计算出飞机的各项气动系数，以及作用在飞机上的气动力和力矩。气动模块的输入包括外部的输入和内部的反馈。

外部输入主要是对飞机的气动外形产生影响的飞机操纵机构的操纵，包括对升降舵、副翼、方向舵、各调整片、襟翼、减速板、扰流片、起落架、舱门、外挂等进行的操纵。同时还包括飞机的气动外形变化、大气扰动、风、结冰、雨、雪等因素的影响。内部输入包括来自本模块的输出项,即飞机的空速、马赫数、高度、迎角、侧滑角以及各种角速度等。

以上输入通过飞机的气动模块计算,最后得出空气作用在飞机机体轴系上的力和力矩。计算的结果输出到运动方程模块作为计算输入。

2. 力、力矩和扰动模块

力、力矩和扰动模块软件完成作用在飞机上的力、力矩和扰动特性的模拟计算,即计算出飞机承受的发动机产生的力和力矩,以及飞机质量、各种速度变化和质量变化(燃油消耗等)产生的力和力矩。

力、力矩和扰动模块的输入包括飞机的质量、配平、接地、滑跑、刹车、外挂投放、发动机的推力和陀螺力矩、飞机结冰质量、机体损坏、运载人员、跑道情况、机内物品的移动和货物、人员的空投、空降等。

以上输入通过力、力矩和扰动模块计算,最后得出作用在飞机机体轴系上的力和力矩。计算的结果输出到运动方程模块作为计算输入。

3. 运动方程模块

运动方程模块主要完成飞机六自由度刚体运动方程解算,即由作用在飞机上的力和力矩计算出飞机的位移、转动角度和运动状态。

运动方程模块的输入包括气动模块的输出以及力、力矩和扰动模块的输出。

运动方程模块首先由各种合力、力矩计算出加速度和角加速度,然后积分产生速度和角速度,再积分产生位移和角度。由于输出要求是不同的坐标系的输出,所以计算中要进行坐标变换。

计算后的对外输出包括模拟器所需要的飞机的高度、地面坐标位移、飞机经纬度、真空速、升降速度、俯仰角、滚转角、偏航角、迎角、侧滑角、过载系数等。计算的内部输出包括飞机的空速、马赫数、高度、迎角、侧滑角以及各种角速度等。

|1.4 飞机的主要组成部分及功用 |

最后,对飞行模拟器的仿真对象——飞机,做一个简要的介绍。

飞机的主要组成部件有机翼、尾翼、机身、起落架、飞机操纵系统、飞机动力装置和机载设备等。

1. 机翼

机翼是飞机产生升力的部分。通常在机翼上有用于横向操纵的副翼和扰流片，机翼前后缘部分还设有各种型式的襟翼，用于增加升力或改变机翼升力的分布。

2. 尾翼

尾翼通常在飞机尾部，分为水平尾翼和垂直尾翼两部分。个别飞机的尾翼设计成 V 形，兼起纵向和航向稳定、操纵的作用，称为 V 形尾翼。一般水平尾翼由水平安定面和升降舵组成，垂直尾翼由垂直安定面和方向舵组成。在超声速飞机上，为了提高飞机纵向操纵能力，常将水平尾翼做成一个整体（不分水平安定面和升降舵），它可以操纵偏转，称为全动平尾。

有的飞机上（主要是变后掠翼飞机）还将全动水平尾翼设计成可以差动偏转的型式，即平尾的左右两半翼面不仅可以同向偏转，且可反向偏转，此时可起横向操纵作用。带方向舵的垂直尾翼已能满足超声速飞行时的航向操纵要求，所以较少采用全动垂直尾翼。在有些飞机上，水平尾翼不是装在飞机尾部，而是移到机翼的前面，称为前翼或鸭翼。

3. 机身

机身处于飞机的中央，主要用于容纳人员、货物或其他载重和设备，别的部件也多与机身相连。但是机身并不是飞机不可缺少的部件，早期飞机仅有一个连接各部件的构架，这样的机身在初级滑翔机和超轻型飞机上还可见到。后来为了减少阻力，发展成为流线外形的机身，并用以容纳货物、人员和设备等体积较大的载重物。如果飞机足够大，能将人员、货物、燃油等全部装在机翼内部，则可以取消机身，成为飞翼式飞机，简称飞翼。

4. 起落架

起落架是飞机起飞、着陆滑跑和在地面（或水面）停放、滑行中支持飞机的装置，一般由承力支柱、减震器、带刹车的机轮（或滑橇、滚筒）和收放机构组成。在低速飞机上用不可收放的固定式起落架以减轻质量，在支柱和机轮上有时装整流罩以减小阻力。对于陆地上或舰上起落的飞机用机轮，在冰上或雪地起落的飞机用滑橇代替机轮，浮筒式水上飞机则代之以浮筒。

5. 操纵系统

操纵系统包括驾驶杆（盘）、脚蹬、拉杆、摇臂或钢索、滑轮等。驾驶杆（盘）控制升降舵（或全动水平尾翼）和副翼，脚蹬控制方向舵。为了改善操纵性和稳定性，现代飞机操纵系统中还配备有各种助力系统（液压的和电动的）、增稳装置和自动驾驶仪等。

6. 动力装置

动力装置包括产生推力的发动机以及保证发动机正常工作所需的附件和系统，其中包括发动机的起动、操纵、固定、燃油、滑油、散热、防火、灭火、进气和排气等装置或系统。

7. 机载设备

机载设备包括飞行仪表、通信、导航、环境控制、生命保障、能源供给等设备，以及与飞机用途有关的一些机载设备，如战斗机的武器和火控系统，旅客机的客舱生活服务设施等。

习 题

1. 飞行性能模拟系统数学模型包含哪些内容？
2. 飞行性能模拟系统主要由哪些模块构成？
3. 飞机的主要组成部件有哪些？各部分的功用是什么？

第 2 章
飞机的空气动力特性

飞行性能模拟系统数学建模的基础就是飞行动力学,而飞行动力学与空气动力学紧密联系。因此,本章首先介绍一下飞机空气动力学的基础知识。

任何物体在空气中运动时,都要受到空气动力的作用。空气动力是指物体与空气做相对运动时,空气对物体的作用力,作用在飞机上的升力、阻力和侧力都是空气动力。本章着重分析飞机低速和高速飞行时升力、阻力的产生原理及其变化规律。

2.1 机翼的形状、迎角和侧滑角

飞机之所以能够飞行，是因为它在向前运动时，空气给了飞机一个向上支托的空气动力，这个力就是升力。飞机的升力主要由机翼产生，升力的大小直接和机翼的形状密切相关。因此我们首先介绍一下描述机翼形状的相关参数。

2.1.1 机翼的形状

机翼形状又分为剖面形状和平面形状。

1. 机翼的剖面形状

机翼的剖面形状是指机翼沿飞行方向的切面形状，简称翼型，如图 2-1 所示。

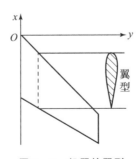

图 2-1 机翼的翼型

翼型大致分为以下几种：弓形、平凸形、双凸形、对称形、超临界型、尖峰形、双弧形和菱形翼型，如图2-2所示。大多数早期飞机和近代低速飞机翼型的前缘较钝，而速度较高的飞机，多采用尖前缘的翼型。

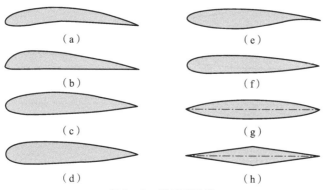

图2-2 翼型的种类

(a) 弓形；(b) 平凸形；(c) 双凸形；(d) 对称形；
(e) 超临界型；(f) 尖峰形；(g) 双弧形；(h) 菱形翼型

各种翼剖面的形状特点可用几何参数表示。主要的几何参数有下列5个。

①翼弦（c_w）：翼型一系列内切圆圆心的连线，称为中弧线。它是表示翼型弯曲程度的一条曲线。中弧线的前端点称为前缘，后端点称为后缘。前缘与后缘之间的连线叫翼弦或几何弦。翼弦是翼型的特征长度，如图2-3所示。

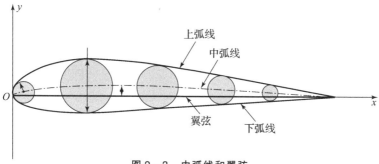

图2-3 中弧线和翼弦

②相对弯度（$\bar{f}$）：翼型中弧线与翼弦之间的距离叫弧高或弯度（f）。最大弧高（f_{max}）与翼弦（c_w）的比值叫相对弯度，如图2-4所示。相对弯度通常用百分数表示为

$$\bar{f} = \frac{f_{max}}{c_w} \times 100\% \tag{2-1}$$

相对弯度的大小表示翼型的不对称程度。现代飞机的翼型相对弯度为0~2%。

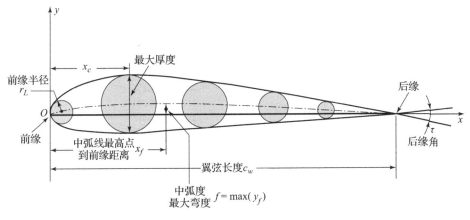

图 2-4 翼型的几何参数

③最大弯度位置（$\bar{x}_f$）：翼型的最大弧高（f_{max}）所在的位置到前缘的距离叫最大弯度位置（即图 2-4 中的 x_f）。通常以其与翼弦（c_w）的比值来表示，即

$$\bar{x}_f = \frac{x_f}{c_w} \times 100\% \qquad (2-2)$$

④厚弦比（$\bar{c}$）：上下翼面在垂直于翼弦方向的距离叫翼型的厚度（c）。翼型最大厚度（c_{max}）与翼弦（c_w）的比值，叫翼型的厚弦比或相对厚度，如图 2-4 所示。厚弦比常用百分数表示为

$$\bar{c} = \frac{c_{max}}{c_w} \times 100\% \qquad (2-3)$$

现代飞机的翼型厚弦比一般为 3% ~ 16%。超声速飞机用 $\bar{c}$ 值较小的薄翼，低速飞机用 $\bar{c}$ 值较大的厚翼。

⑤最大厚度位置（$\bar{x}_c$）：翼型的最大厚度所在的位置到前缘的距离，称为最大厚度位置，如图 2-4 中的 $\bar{x}_c$。通常以其与翼弦的比值来表示，即

$$\bar{x}_c = \frac{x_c}{c_w} \times 100\% \qquad (2-4)$$

现代飞机的翼型最大厚度位置在翼弦 30% ~ 50% 的地方。亚声速翼剖面的 $\bar{x}_c$ 为 25% ~ 30%，而超声速翼剖面 $\bar{x}_c$ 则为 40% ~ 50%。

用 $\bar{f}$、$\bar{c}$、$\bar{x}_c$ 三个量就可一般地表征翼型的几何特点。

2. 机翼的平面形状

现代飞机机翼的平面形状常用的有矩形翼、椭圆翼、梯形翼、后掠翼、三

角翼等。从 20 世纪 50 年代起，又陆续出现了由上述基本平面形状发展和组合而成的复合机翼，如双三角翼、S 形前缘翼、边条翼、变后掠翼等，如图 2-5 中阴影部分所示。

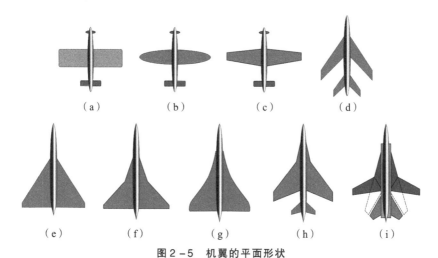

图 2-5 机翼的平面形状

(a) 矩形翼；(b) 椭圆翼；(c) 梯形翼；(d) 后掠翼；(e) 三角翼；(f) 双三角翼；(g) S 形前缘翼；(h) 边条翼；(i) 变后掠翼

机翼的平面形状可以通过以下几个参数表示（见图 2-6）。

①机翼面积（S）：机翼一般是左右对称的，它在俯视投影平面上的投影面积称为机翼面积，包括机身所占那部分面积。

②翼展（b_w）：机翼左右翼端（翼尖）之间的距离，称为翼展。

③展弦比（λ）：翼展与平均翼弦（c_w）之比，叫展弦比。

$$\lambda = \frac{b_w}{c_w} = \frac{b_w}{\dfrac{S}{b_w}} = \frac{b_w^2}{S} \tag{2-5}$$

现代飞机的展弦比，歼击机为 2~5，轰炸机、运输机为 7~12，滑翔机、高空侦察机可达 12~16。

④根尖比（η）：翼根弦长 c_g 与翼尖弦长 c_s 之比，称为根尖比。

$$\eta = \frac{c_g}{c_s} \tag{2-6}$$

⑤后掠角（χ）：机翼上有代表性的等百分比弦线（如前缘、1/4 弦线、后缘等）在 xOy 平面上的投影与 Oy 轴之间的夹角，称为后掠角。一般常用 1/4 弦线后掠角作为机翼后掠角。

⑥安装角（ψ）：机翼根弦与机身轴线之间的夹角。

⑦上（或下）反角（φ）：一侧机翼翼弦平面与 xOy 平面之间的夹角。上反为正，下反为负。

⑧平均空气动力弦（c_A）：对于任意平面形状的实际机翼，它的弦长从翼根到翼尖是变化的，如图 2-7 所示。因此，对于任何一个机翼，可以假想存在一个相当的矩形机翼。此矩形机翼与实际机翼的面积相同、俯仰力矩相同，气动力合力也相同。我们把这样的矩形机翼的翼弦称为实际机翼的平均空气动力弦 c_A。平均空气动力弦 c_A 是飞机的纵向特征长度。

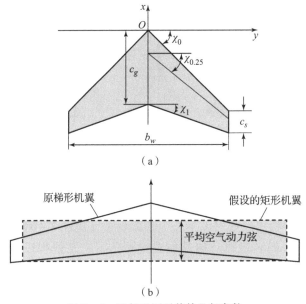

图 2-6　飞机平面形状的几何参数
（a）几何参数；（b）平均空气动力弦

2.1.2　机翼的迎角和侧滑角

翼弦与相对气流方向的夹角，称为迎角，通常以 α 表示，如图 2-7 所示。迎角的大小反映了相对气流与机翼之间的相互关系。迎角不同，相对气流流过机翼时的情形就不同，产生的空气动力就不同，从而升力也不同。所以迎角是飞机飞行中产生空气动力的重要参数。

迎角有正负之分，气流方向指向机翼下表面的为正迎角，气流方向指向机翼上表面的为负迎角，如图 2-7 所示。飞行时绝大多数时间内飞机处于正迎角状态。

飞行速度向量与飞机对称平面之间的夹角，称为侧滑角，通常用 β 表示。

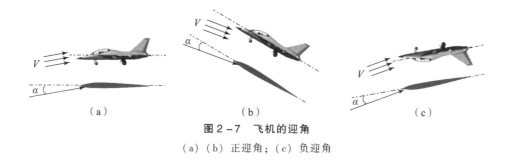

图 2-7 飞机的迎角
(a)(b) 正迎角;(c) 负迎角

2.2 升力、阻力的产生原理

2.2.1 升力

1. 机翼的流线谱

在稳定流动中,空气质点流动的路线叫作流线。从烟风洞试验中可以看到空气围绕机翼稳定流动的情况。一条条细线就是气流流过的轨迹,即流线。许多流线组成的图形叫作流线谱。机翼的流线谱不但揭示了空气流过机翼的情况,而且通过流线谱可以看出流管的变化情况,如图 2-8 所示。

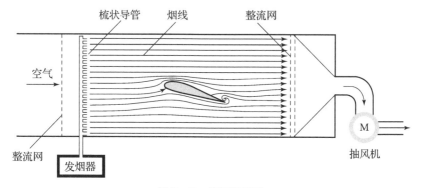

图 2-8 烟风洞实验

在正迎角情况下,气流流经上翼面的流线先变密,然后逐渐变疏;流经下翼面的流线先变疏,然后逐渐恢复原状。当迎角增大时,翼型上下两部分流线的疏密变化更加显著,翼型上表面前段的流线进一步变密,下表面前段的流线进一步变疏(见图 2-8)。我们可以把相邻两条流线之间看作是一条流管,可见机翼上表面的流管变细了,而下表面流管变粗了。由连续性原理和伯努利定律可知,翼型上表面气流的流速加快、压力降低;下表面气流的流速减慢、压力升高。

2. 翼型的压力分布

为了形象地表示气流流过机翼时翼面各点压力的大小,通常用翼型的压力分布图来表示。翼型上下表面的压力分布是用实验方法测量出来的。

图2-9所示为测量翼型压力分布的实验设备。翼型上、下表面的小孔用橡皮管连到气压计上。在正迎角情况下,气流流经翼型后,与上表面各孔相连的玻璃管内,水柱被吸到0—0线以上;而下表面各孔相连的玻璃管内,水柱被压到0—0线以下。这表明上表面各点受到的压力低于大气压力,这时翼面压力与大气压力之差称为吸力。下表面各点受到的压力大于大气压力,这时翼面压力与大气压力之差称为正压力。翼面各点所受压力与大气压力之差统称为剩余压力(ΔP)。可见剩余压力为负值时,翼面所受的力是吸力;剩余压力为正值时,翼面所受的是正压力。

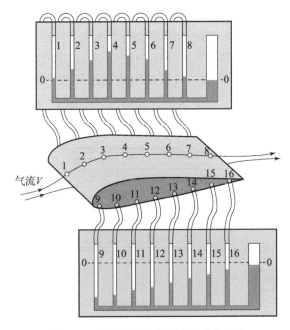

图2-9 测量翼型表面压力分布的实验

根据测定翼面各点的吸力或正压力,可以用带箭头的线段来表示其大小和方向;线段的长度表示其绝对值的大小;箭头指向表示正压力或吸力——箭头指向翼面为正压力,箭头背向翼面为吸力,各线段分别与翼面各点垂直。图 2-10 所示为根据实验画出的翼型压力分布图。从图 2-10（a）中可以看出，在机翼上表面靠近前缘的部分吸力最大，吸力最大的点叫作最低压力点，如 B 点。在机翼前缘 A 点处，流速为零，压力最大，A 点称为驻点。从驻点到最低压力点，压力逐渐减小；过最低压力点后，压力逐渐增大。机翼下表面也是吸力，但下表面的吸力比上表面的要小。翼型不同，翼面压力分布也不同，如图 2-10（b）所示。迎角改变，翼面压力分布也随之发生变化。

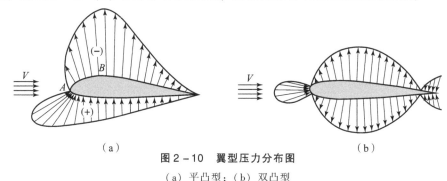

图 2-10 翼型压力分布图
（a）平凸型；（b）双凸型

3. 压力系数

剩余压力是随迎角、翼型、相对气流的速度和密度而改变的。为了撇开密度和速度的影响，而只考虑迎角和翼型的影响，从而便于对不同翼型的气动性能进行比较，引入压力系数的概念。压力系数（$\bar{p}$），就是翼型上某点的剩余压力与远前方未受扰动气流的动压之比，即

$$\bar{p} = \frac{p - p_\infty}{\frac{1}{2}\rho_\infty v_\infty^2} = \frac{\Delta p}{\frac{1}{2}\rho_\infty v_\infty^2} \tag{2-7}$$

为了证明压力系数只与翼型、迎角有关，可对式（2-7）做些变换。在图 2-11 中，取同一流管中的两个切面，一个是远前方未受扰动的切面，另一个是翼型上表面上任意一点处的切面。

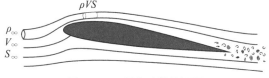

图 2-11 压力系数的证明

根据伯努利方程，上述两切面有这样的关系：

$$p_\infty + \frac{1}{2}\rho_\infty v_\infty^2 = p + \frac{1}{2}\rho v^2$$

整理后得

$$p - p_\infty = \frac{1}{2}\rho_\infty v_\infty^2 - \frac{1}{2}\rho v^2$$

两端同除以 $\frac{1}{2}\rho_\infty v_\infty^2$，得到

$$\frac{p - p_\infty}{\frac{1}{2}\rho_\infty v_\infty^2} = 1 - \frac{v^2}{v_\infty^2} = \bar{p} \qquad (2-8)$$

根据连续方程有

$$v_\infty \cdot S_\infty = v \cdot S \quad \text{或} \quad \frac{v}{v_\infty} = \frac{S_\infty}{S}$$

可得

$$\bar{p} = 1 - \left(\frac{S_\infty}{S}\right)^2 \qquad (2-9)$$

由式（2-9）可以看出，压力系数仅与流管切面积有关，即只与机翼的翼型和迎角有关，或者说只与机翼的流线谱有关。只要流线谱不变，翼型上各点的压力系数就保持不变。根据上述压力系数的性质，翼面上各点压力的大小可用各点压力系数的大小来表示。因此，翼面的压力分布也可以用压力系数表示。

4. 升力的产生原理

由于飞机上的升力主要由机翼产生，所以，以空气以正迎角流过双凸翼型为例说明升力的产生原理。观察气流流过中等迎角双凸翼型的流线谱（见图 2-11）可以看出，空气流过机翼前缘后分成上下两股，分别沿机翼上下表面流过。由于是正迎角，上表面又向外凸出较多，所以，气流流过上表面流线弯曲程度大，流管变细，流速加快，压力降低；而在下表面，流管变粗，流速减慢，压力增加。这样，机翼上下表面出现了压力差，这种上下表面压力差的总和就是升力，其方向与飞行方向或相对气流方向垂直。升力的着力点，即其作用线与翼弦的交点，叫压力中心。

5. 升力的大小

1）升力公式

升力的大小可用公式表示，其公式推导如下：

设气流以一定的速度流过机翼，其流线谱如图 2-12 所示。机翼上表面任一点的压力 $p_上$ 与远前方未受扰动的气流压力 p_∞ 之间的关系，由伯努利方程表示为

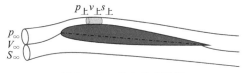

图 2-12 升力公式推证

$$p_\infty + \frac{1}{2}\rho v_\infty^2 = p_上 + \frac{1}{2}\rho v_上^2 \tag{2-10}$$

由连续方程 $\rho v_\infty S_\infty = \rho v_上 S_上$，可得

$$v_上 = v_\infty \frac{S_\infty}{S_上}$$

代入式（2-10），可得

$$p_上 - p_\infty = \frac{1}{2}\rho v_\infty^2 - \frac{1}{2}\rho v_\infty^2 \left(\frac{S_\infty}{S_上}\right)^2 = \frac{1}{2}\rho v_\infty^2 \left[1 - \left(\frac{S_\infty}{S_上}\right)^2\right]$$

因为 $\bar{p} = 1 - \left(\frac{S_\infty}{S_上}\right)^2$，所以，机翼上表面所求点的压力应为

$$p_上 = p_\infty + \frac{1}{2}\rho v_\infty^2 \bar{p}_上 \tag{2-11}$$

同理，可以求出机翼下表面对应点的压力为

$$p_下 = p_\infty + \frac{1}{2}\rho v_\infty^2 \bar{p}_下 \tag{2-12}$$

机翼上下表面所求对应点的压力差应为式（2-12）与式（2-11）之差，即

$$p_下 - p_上 = \left(p_\infty + \frac{1}{2}\rho v_\infty^2 \bar{p}_下\right) - \left(p_\infty + \frac{1}{2}\rho v_\infty^2 \bar{p}_上\right)$$

$$= \frac{1}{2}\rho v_\infty^2 (\bar{p}_下 - \bar{p}_上) \tag{2-13}$$

机翼无限小面积 ds 所产生的升力 dL 应为式（2-13）与 ds 之积，即

$$dL = \frac{1}{2}\rho v_\infty^2 (\bar{p}_下 - \bar{p}_上) ds = \frac{1}{2}\rho v_\infty^2 (\bar{p}_下 - \bar{p}_上) b_w \cdot dx \tag{2-14}$$

式中，b_w 为翼展。

对式（2-14）积分，可以得到整个机翼的升力为

$$L = \int_0^{c_w} \frac{1}{2}\rho v_\infty^2 (\bar{p}_下 - \bar{p}_上) b_w \cdot dx$$

取 $\bar{x} = \dfrac{x}{c_w}$，则

$$L = \frac{1}{2}\rho v_\infty^2 c_w b_w \int_0^1 (\bar{p}_下 - \bar{p}_上) d\bar{x} = \frac{1}{2}\rho v_\infty^2 S \int_0^1 (\bar{p}_下 - \bar{p}_上) d\bar{x}$$

式中，$\int_0^1 (\bar{p}_下 - \bar{p}_上) \cdot d\bar{x}$ 表示整个翼型上、下表面压力系数之差，叫作升力系数，用 C_L 表示。最后可得升力计算公式为

$$L = C_L \cdot \frac{1}{2} \rho v_\infty^2 S \qquad (2-15)$$

2）影响机翼升力大小的因素

（1）机翼面积（S）

机翼面积越大，机翼上下表面压力差的总和越大，所以升力越大。

（2）动压 $\left(\frac{1}{2}\rho v_\infty^2\right)$

动压包含空气密度和气流速度两个因素。空气密度越大，单位体积内空气质点越多，对机翼的作用力越大，升力就越大。气流速度越大，流经机翼上、下表面的气流动压变化量越大，上、下表面的压力差越大，所以升力越大。

（3）升力系数（C_L）

升力系数只与压力系数有关，而压力系数又与机翼翼型和迎角有关，所以升力系数对升力的影响，实质上反映了翼型和迎角对升力的影响。当翼型一定时，升力系数只表示迎角对升力的影响。机翼升力系数随迎角的变化规律曲线叫升力系数曲线，如图 2-13 所示。从曲线上可以看出，当迎角不大时，升力系数基本上随迎角的增大而成正比例增大；当迎角较大时，升力系数随迎角增大的趋势减弱，曲线变得平缓；当迎角增大到一定值，即临界迎角时，升力系数将随迎角的增大而减小。

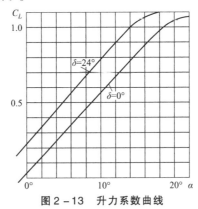

图 2-13 升力系数曲线

从曲线上还可以找出表征升力特性的几个参数：

①零升力迎角（α_0）。升力系数为零的迎角，称为零升力迎角，记作 α_0。不同翼型的零升力迎角的大小是不同的，主要是随翼型的相对弯度而变化。相对弯度 $\bar{f}$ 大，α_0 的绝对值也大，对称形翼型的 α_0 等于零。

②临界迎角（$\alpha_{临}$）和最大升力系数（$C_{L\max}$）。在机翼的 $C_L \sim \alpha$ 曲线上，当升力系数从零增加时，出现的第一个局部最大值，称为最大升力系数。最大升力系数所对应的迎角，称为临界迎角。影响最大升力系数的因素有很多，主要是翼型的相对弯度、最大弯度位置、厚弦比、前缘半径等。

③升力系数曲线斜率（$C_{L\alpha}$）。升力系数曲线斜率是指改变单位迎角时，升力系数的相应改变量，即 $C_{L\alpha} = \dfrac{\mathrm{d}C_L}{\mathrm{d}\alpha}$。在中小迎角范围内，由于机翼上表面的气流分离还不显著，C_L 与 α 呈线性关系，$C_{L\alpha}$ 等于常数。若已知 $C_{L\alpha}$，可计算中小迎角范围内的 C_L 为

$$C_L = C_{L\alpha}(\alpha - \alpha_0) \tag{2-16}$$

迎角增大到一定程度，机翼上表面的气流分离逐渐明显，C_L 随 α 的变化随之变缓，$C_{L\alpha}$ 变小，及至 $\alpha_{临}$，C_L 上升到最大值，$C_{L\alpha} = 0$。超过 $\alpha_{临}$，再继续增大迎角，机翼上表面发生严重气流分离，C_L 下降，$C_{L\alpha}$ 变为负值。

6. 关于"失速"的概念

小迎角飞行时，机翼上表面的最低压力点比较靠后，因而附面层的分离点靠后，涡流区较小。增大迎角时，最低压力点的位置前移，最低压力点的压力降低得也较多，使分离点前移，涡流区扩大。当迎角还不太大时，对机翼表面气流的稳定流动影响也不明显，升力仍随迎角增大而继续增大，只是增大得缓慢。

当迎角增大到一定值，即达到临界迎角以后，就会发生明显的变化，分离点急速前移，涡流区急剧扩大，使气流再也无法贴着机翼表面平顺流动，破坏了气流的稳定流动。结果，一方面使升力降低，另一方面使阻力急剧增大，造成飞机剧烈地抖动，前进速度锐减，高度下降，甚至坠入螺旋。这种现象通常称为"失速"。因而临界迎角又称为失速迎角。

2.2.2 阻力

阻碍飞机前进的空气动力称为阻力。阻力的方向与升力的方向垂直，与飞机运动的方向相反。在飞行中，飞机的阻力大小与飞机的性能和品质有着密切的关系。因此，学习阻力的产生和变化，对于分析飞行性能和品质的变化，理解飞机的飞行性能，建立飞机飞行的运动方程和数学模型，都具有重要作用。

1. 阻力的产生

飞机低速飞行时的阻力按其产生的不同原因，可以分为摩擦阻力、压差阻力、干扰阻力和诱导阻力等不同类型。下面分别介绍这几种阻力。

1)摩擦阻力

气流流过飞机时,由于空气有黏性,在贴近飞机表面的地方会形成附面层,在附面层内,特别是附面层底层有显著的速度梯度。如图 2-14 所示,在飞机表面气流速度接近零,而流动的空气要带动飞机表面不动的空气向后运动,给不动的空气一个向后的黏性力(F),这个力通过不动的空气传给飞机,这就是摩擦力,其方向切于物面。飞机表面各处摩擦力在相对气流方向上投影的总和,就是整个飞机的摩擦阻力,如图 2-15 所示。

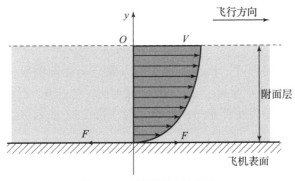

图 2-14 摩擦阻力的产生

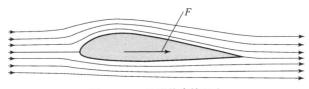

图 2-15 机翼的摩擦阻力

摩擦阻力的大小与附面层性质有关,附面层分为层流附面层和紊流附面层两类。紊流附面层底层速度梯度大,即 dV/dy 大,它的黏性力也大,因此飞机表面受到的摩擦阻力大。层流附面层恰恰相反,由于它的底层速度梯度小,摩擦阻力也小。层流附面层不稳定,在流动过程中会转变为紊流附面层,层流转变为紊流的位置称为转捩点。对于表面光滑的飞机,其转捩点比较靠后,层流附面层较长,紊流附面层较短,摩擦阻力小。反之,如果飞机表面粗糙,则转捩点前移,紊流附面层长,层流附面层短,摩擦阻力大。

2)压差阻力

压差阻力是因飞机前后存在压力差而产生的阻力。下面以机翼为例说明压差阻力的产生。当气流流过机翼的过程中,在机翼前缘受到阻挡,流速减慢,压力增大;在机翼后缘,压力减小,特别是在大迎角下,由于气流分离形成涡流区,在涡流区内压力减小较多。这样,在机翼的前后出现压力差,形成阻碍飞机前进的压差阻力。在飞行中，机身、尾翼等其他部件也会产生压差阻力。飞机各部分压差阻力的总和就是飞机的压差阻力。

3）干扰阻力

实验测得翼身组合体所产生的阻力比机翼阻力与机身阻力两者之和还大，多出来的这部分阻力，是由于流过飞机各部分的气流互相干扰所引起的，因此又称为干扰阻力。为了减小这部分阻力，在机身与机翼、机身与尾翼的结合部，往往都装有整流包皮。

4）诱导阻力

对机翼而言，摩擦阻力和压差阻力合称翼型阻力。机翼除了翼型阻力外，还有一种为其所独有的阻力——诱导阻力。诱导阻力是伴随升力的产生而产生的。这个由升力诱导而产生的阻力，称为诱导阻力，又称为升致阻力。

当机翼产生正升力时，机翼下表面的压力大于上表面的压力，在上下表面压力差的作用下，下表面的气流绕过翼尖流向上表面，形成翼尖涡流，如图 2-16 所示。从机翼后面向前看，左翼尖涡流顺时针旋转，右翼尖涡流逆时针旋转。由于翼尖涡流作用，会在机翼所在平面内引起垂直于来流方向的诱导速度，在机翼所在处及机翼后方，诱导速度的方向一般是向下的，因此常称其为下洗速度，用 w_0 表示。

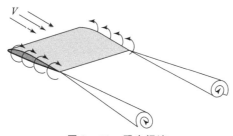

图 2-16 翼尖涡流

下洗速度的存在改变了各剖面处的气流方向，如图 2-17 所示。这个向下倾斜的气流，称为下洗流。下洗流向下倾斜的角度，称为下洗角，用 ε_0 表示。下洗流与翼弦之间夹角，称为有效迎角，用 $\alpha_{有效}$ 表示，有效迎角比迎角小。

$$\alpha_{有效} = \alpha - \varepsilon_0 \qquad (2-17)$$

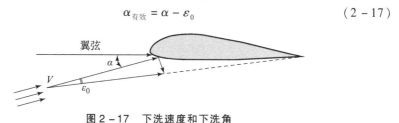

图 2-17 下洗速度和下洗角

当空气流过机翼时，如果没有下洗，则作用在机翼上的升力 L 当然是垂直于来流 V_∞ 的，有了下洗，实际升力 L' 是垂直于下洗流 V' 的。这样，L' 对飞机的飞行起着两个作用，即垂直于飞行方向上的分力起着升力作用，平行于飞行方向的分力起着阻碍飞机前进的作用，这就是诱导阻力，如图 2 – 18 所示。

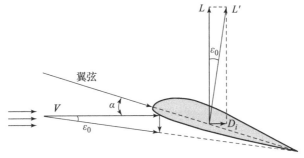

图 2 – 18　诱导阻力的产生

从图 2 – 18 中可以看出，诱导阻力 D_i 与升力 L'、下洗角 ε_0 有下列关系：

$$D_i = L' \sin\varepsilon_0$$

由于 ε_0 很小，$L' \approx L$，$\sin\varepsilon_0 \approx \varepsilon_0$，所以

$$D_i = L \cdot \varepsilon_0 = C_L \cdot \frac{1}{2}\rho V^2 S \cdot \varepsilon_0$$

而下洗角为

$$\varepsilon_0 = \frac{C_L}{\pi\lambda} \tag{2-18}$$

所以

$$D_i = \frac{C_L^2}{\pi\lambda} \cdot \frac{1}{2}\rho V^2 S = C_{Di} \cdot \frac{1}{2}\rho V^2 S \tag{2-19}$$

式中，C_{Di} 称为诱导阻力系数，它的大小与 C_L^2 成正比，与展弦比 λ 成反比，π 为常数。

2. 全机阻力计算公式

飞机的阻力主要包括摩擦阻力、压差阻力和诱导阻力。阻力和升力一样，都是空气动力，影响阻力的因素与影响升力的因素基本相同。所以飞机的阻力计算如下：

$$D = C_D \frac{1}{2}\rho V^2 S \tag{2-20}$$

式中，C_D 为飞机阻力系数，它的大小综合地表达了迎角、飞机形状、表面光滑程度以及雷诺数等对阻力的影响。

飞机的摩擦阻力、压差阻力和干扰阻力统称为零升阻力,用 D_0 表示。于是,整个飞机的阻力系数为

$$C_D = C_{D0} + C_{Di} = C_{D0} + AC_L^2 \qquad (2-21)$$

式中,C_{D0} 称为零升阻力系数,定义为 $C_L = 0$ 时的飞机阻力系数;A 为诱导阻力因子。

2.2.3 增升装置

在飞机上常常有一些增升装置,增升装置的作用是提高飞机的升力系数,借以降低起飞、着陆速度,缩短起飞着陆滑跑距离和改善机动性能。目前采用的增升装置主要有襟翼、前缘缝翼、前缘襟翼、机动襟翼、喷气襟翼、附面层控制等。这里主要介绍襟翼和前缘缝翼。

1. 襟翼

襟翼位于机翼后缘,放下襟翼可以提高升力系数,同时也增大阻力系数,通常用于着陆。为了缩短起飞滑跑距离,起飞也放襟翼,但放下的角度较小。襟翼有简单式襟翼、分裂式襟翼、开缝式襟翼、后退式襟翼等多种形式。

1)简单式襟翼

简单式襟翼的型式与副翼相似。放下简单式襟翼相当于改变了机翼的剖面形状,增大了相对弯度。因此各迎角下的升力系数普遍提高。放下襟翼后,由于机翼后缘涡流区扩大,所以阻力系数也同时增大。

2)分裂式襟翼

分裂式襟翼是从机翼后缘下表面分裂出来的一部分翼面,如图 2-19 所示。这种襟翼向下偏转后,在襟翼和机翼下表面后部之间形成涡流,机翼后缘附近压力降低,吸引机翼上表面气流速度加快,延迟气流分离,因此增升效果比简单式襟翼好。

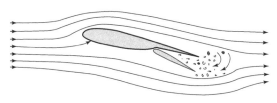

图 2-19 分裂式襟翼及其流线谱

3)开缝式襟翼

开缝式襟翼是由简单式襟翼改进而来的,放下开缝式襟翼,在向下偏转而增大翼型相对弯度的同时,襟翼前缘与机翼后缘之间形成缝隙,空气从下表面

通过缝隙流向上表面，可以吹除机翼后部的涡流，延迟气流分离，因此增升效果也较好。

4）后退式襟翼

放下后退式襟翼，如图2-20所示，襟翼不仅向下偏转增大机翼剖面的相对弯度，同时还向后滑动，增大机翼面积。因此，最大升力系数比上述各种襟翼都要大。高速飞机大都装有这种襟翼。

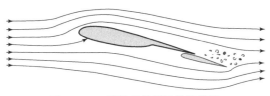

图2-20 后退式襟翼及其流线谱

2. 前缘缝翼

前缘缝翼位于机翼前缘，能在大迎角自动张开，而在小迎角下自动关闭。这是由于在不同迎角下，机翼表面的压力分布不同。在大迎角下，机翼前缘承受很大吸力，迫使前缘缝翼自动张开；而在小迎角下，机翼前缘承受压力，前缘缝翼被压紧贴于机翼前缘。

当迎角增大到一定程度，前缘缝翼自动张开时，它与机翼前缘之间形成一条缝隙。气流通过这一缝隙时得到加速，随后贴近上表面流动，能增大上表面附面层中的空气动能，延缓气流分离的产生，使临界迎角增大，最大升力系数提高，而阻力系数增大得并不多。

2.3 全机的空气动力性能

飞机是由机身、机翼和尾翼等组合而成的，由于组合体各部件之间的干扰作用，全机的空气动力并不等于各部件的空气动力之和。本节简单介绍全机空气动力的计算原则及衡量全机空气动力性能好坏的指标。

2.3.1 全机空气动力计算

1. 机身的空气动力

机身的升力很小，一般不予考虑，而机身的阻力必须予以考虑。由于机身各部分形状不同，产生的阻力成分也不同。机身头部和尾部产生的主要是压差阻力；机身中部一般为细长旋成体，产生的阻力主要是摩擦阻力；机身底部如果不是流线型，气流分离严重，也要产生较大的压差阻力。

2. 翼身组合体的空气动力

理论和实验证明，翼身组合体的升力，比单独机翼在同一迎角下的升力大。这是因为圆柱形的机身在正迎角下会形成上洗流，使机翼有效迎角增大，机翼升力增大；同时，在正迎角下，机翼上表面气流的流速加快，也会使机身升力增大。

翼身组合体，由于翼、身相互干扰，会产生额外的阻力——干扰阻力。

3. 翼身组合体对尾翼的干扰

组合体对平尾的干扰主要表现在两个方面：一是阻滞作用，二是下洗作用。空气流过组合体，由于黏性的影响，要损失一部分能量，使气流受到阻滞。这样，流向平尾的气流速度 $V_{平尾}$ 就会小于远前方来流速度 V_∞，两者的关系可表示为

$$V_{平尾}^2 = k_q V_\infty^2 \quad (2-22)$$

式中，k_q 称为速度阻滞系数，其大小与平尾和机翼的相对位置有关，一般为 0.85～1.00。

空气流过机翼形成下洗，机翼后面的气流向下倾斜，使流向平尾的气流方向不同于远前方来流方向，导致平尾迎角减小。平尾迎角与翼身组合体迎角的关系可表示为

$$\alpha_{平尾} = \alpha + \varphi_{平尾} - \varepsilon \quad (2-23)$$

式中，$\varphi_{平尾}$ 为平尾弦线与机翼弦线之间的夹角，称为平尾安装角，是以平尾前缘高于后缘情况为正；ε 为组合体引起的下洗角。

所以平尾的升力应由平尾的实际迎角所对应的升力系数和受到阻滞后的气流动压来计算：

$$L_{平尾} = C_{L平尾} q_{平尾} S_{平尾} = C_{L平尾} k_q q_\infty S_{平尾} \quad (2-24)$$

4. 全机的空气动力

对于中等以上展弦比的飞机，机身和平尾产生的升力很小，因而全机的升力可用单独机翼的升力来计算。而全机的阻力则由两部分构成——零升阻力和诱导阻力，所以全机阻力等于这两部分阻力之和。

2.3.2 衡量全机空气动力性能的主要指标

升力和阻力是飞机在飞行时同时产生的空气动力,是相互联系的,而且都是随迎角变化而变化的。因此,在研究飞机的空气动力性能时,不仅要从升力或阻力的单方面来分析,而且要把它们联系起来,进行比较,综合考虑。

1. 升阻比

在同一迎角下升力和阻力之比,称为飞机的升阻比,用 K 表示:

$$K = \frac{L}{D} = \frac{C_L}{C_D} \tag{2-25}$$

升阻比也是升力系数与阻力系数之比。升阻比大,表示升力大于阻力的倍数多,或者产生同样的升力时阻力小。飞机的升阻比是随着迎角变化的。因为迎角不同,升力系数和阻力系数不同,所以升阻比不同。飞机升阻比随升力系数(迎角)的变化曲线如图 2-21 所示。

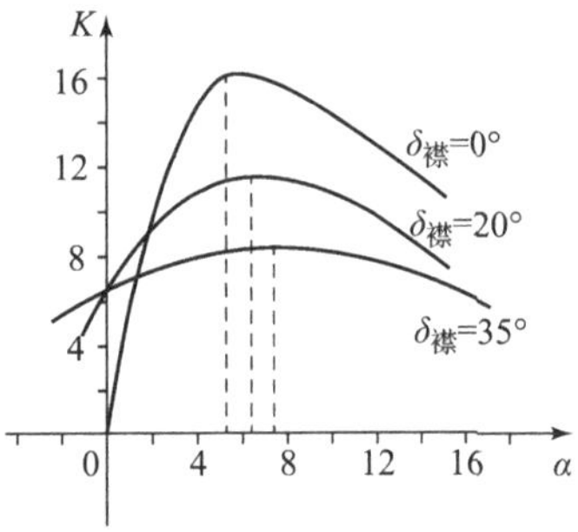

在曲线中,升阻比最大所对应的迎角称为有利迎角。

图 2-21 升阻比曲线

由式(2-17)知

$$C_D = C_{D_0} + AC_L^2$$

所以

$$\frac{1}{K} = \frac{C_D}{C_L} = \frac{C_{D_0}}{C_L} + AC_L \tag{2-26}$$

根据数学中求极值的原理,式(2-26)两边对 C_L 求导并令其为零,则

$$\frac{\mathrm{d}}{\mathrm{d}C_L}\left(\frac{1}{K}\right) = -\frac{C_{D_0}}{C_L^2} + A = 0$$

可得 $K_{\max}$ 时

$$C_{D_0} = AC_L^2 = C_{D_i} \tag{2-27}$$

可见在有利迎角下,零升阻力系数与诱导阻力系数相等,此时阻力系数为

$$C_D = 2C_{D_i} = 2C_{D_0} \tag{2-28}$$

2. 性质角

如图 2-22 所示,飞机的升力与阻力的合力,称为总空气动力,总空气动力与升力之间的夹角,叫作性质角,用 θ 表示。性质角的大小表示总空气动力

向后倾斜的程度。性质角小，说明总空气动力向后倾斜得小，即表示升力比阻力大得较多，升阻比较大；反之，升阻比较小。性质角与升阻比之间的关系可表示为

$$\tan\theta = \frac{D}{L} = \frac{1}{K} \tag{2-29}$$

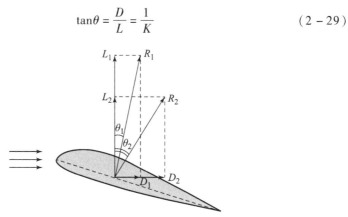

图 2-22　总空气动力与性质角

可见，性质角的大小可以表示升阻比的大小，性质角越小，表示升阻比越大。当飞机以有利迎角飞行时，升阻比最大，性质角最小。

3. 飞机极线

飞机极线是指以 C_D 为横坐标，C_L 为纵坐标，α 为参变量的曲线，如图 2-23 所示。

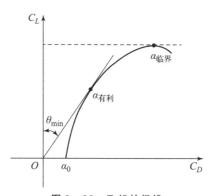

图 2-23　飞机的极线

飞机极线比较全面地表达了飞机的空气动力特性，是分析飞机飞行性能的重要依据。从极线图上可以查得各迎角下的 C_L、C_D、$C_{L_{\max}}$，可以计算各迎角下的总空气动力系数（$C_R = \sqrt{C_D^2 + C_L^2}$）、升阻比及性质角，可以确定有利迎角和最大升阻比等，还可以找出三个有特殊意义的迎角。

①临界迎角。作飞机极线的水平切线，切点所对应的迎角就是临界迎角，对应的升力系数即飞机的最大升力系数。

②零升迎角。曲线与横坐标轴的交点所对应的迎角就是零升迎角。

③有利迎角。由坐标原点作曲线的切线，切点处的迎角就是飞机的有利迎角，此时升阻比最大，性质角最小。

2.4 飞机的高速空气动力特性

由于空气压缩性的影响，飞机的高速空气动力特性与低速空气动力特性有明显不同。这些特性的变化使得飞机的气动特性和操纵性能发生显著变化。本节主要讨论机翼在亚声速、跨声速、超声速三个阶段各有哪些特点。

2.4.1 高速气流特性

在研究低速气流时，都假定空气密度是不变的。实际上，空气密度是随着流速的改变而变化的，并且变化量随流速的加快而逐渐加大。因此，在研究高速气流特性时，必须考虑空气密度变化的影响。

1. 空气的压缩性

空气密度随压力、温度变化而变化的性质叫作空气的压缩性。空气具有压缩性，说明其密度可以改变，空气是否容易压缩，要依压力改变同样数量的情况下，空气密度的变化量大小而定：变化量大，容易压缩，其压缩性大；不容易压缩的，其压缩性小。

1) 影响压缩性的因素

影响空气压缩性的因素有很多，在此主要讨论温度、飞行速度对它的影响。

（1）温度对压缩性的影响

流过飞机表面的气流，其压缩性的大小，要从空气本身是否容易压缩和飞行速度能否引起压缩性变化两个方面分析。而空气本身是否容易压缩，则取决于空气温度的高低。空气温度高的，不容易压缩；空气温度低的，比较容易压缩。这是因为在压力改变量相同的情况下，温度高的空气体积变化小，空气密度变化也比较小，因此空气的压缩性也比较小。

（2）飞行速度对空气压缩性的影响

无论是低速飞行还是高速飞行，空气流经机翼各处的速度变化时，压力也随之改变，从而引起该处的空气密度发生变化。空气密度的变化程度可用密度变化的百分比来说明。所谓空气密度变化的百分比，就是空气密度的变化量（$\Delta \rho$）与原空气密度（ρ）之比。当温度不变时，在不同飞行速度下，流速同样增大（或减小）10%，所引起的空气密度减小（或增大）的百分比如表2-1所示。

表2-1 飞行速度引起的空气密度变化

飞行速度 /(km·h^{-1})	200	300	400	500	600	700	800	900	1 000
空气密度变化的百分比	0.27	0.6	1.07	1.67	2.4	3.33	4.2	5.30	6.6

从表2-1中可以看出，飞行速度越大，所引起的空气密度变化程度也越大，即空气的压缩性越大。

2）可压流的压力系数

微分形式的动量方程 $\mathrm{d}p = -\rho v \mathrm{d}v$ 在小扰动情况下可写成

$$p - p_\infty = -\rho_\infty v_\infty \Delta v$$

所以压力系数

$$\bar{p} = \frac{p - p_\infty}{\frac{1}{2}\rho_\infty v_\infty^2} = \frac{-\rho_\infty v_\infty \Delta v}{\frac{1}{2}\rho_\infty v_\infty^2} = -2\frac{\Delta v}{v_\infty} \quad (2-30)$$

式（2-30）是根据可压流在小扰动条件推导出来的，不可压流是可压流的特例，所以只要是小扰动，无论是低速不可压还是亚声速可压，压力系数均可用式（2-30）计算。

不可压流 $\rho = \rho_\infty$，根据质量方程的微分形式得

$$\frac{\mathrm{d}v}{v} = -\frac{\mathrm{d}A}{A}$$

则不可压流的压力系数

$$\bar{p}_{\text{不可压}} = -2\frac{\Delta v}{\Delta v_\infty} = 2\frac{\Delta A}{A} \quad (2-31)$$

而可压流中速度与截面积之间的关系为

$$(M^2 - 1) \cdot \frac{\mathrm{d}v}{v} = \frac{\mathrm{d}A}{A}$$

可得

$$\frac{\mathrm{d}v}{v} = -\frac{1}{1-M^2}\left(\frac{\mathrm{d}A}{A}\right)$$

则得可压流的压力系数为

$$\bar{p}_{可压} = -2\frac{\Delta v}{v} = -\frac{2}{1-M_\infty^2}\left(\frac{\Delta A}{A}\right) \tag{2-32}$$

比较式（2-31）、式（2-32），若两种情况下的 $\Delta A/A$ 相同，可得

$$\frac{\bar{p}_{可压}}{\bar{p}_{不可压}} = \frac{1}{\sqrt{1-M_\infty^2}} \tag{2-33}$$

由式（2-33）可知，可压流动时，机翼各点的压力系数均是不可压流的 $1/\sqrt{1-M_\infty^2}$ 倍。所以翼型的压力系数分布规律不变，只是数值大小发生变化，如图 2-24 所示。也就是说，亚声速来流中，翼面上压力系数分布规律是在原来低速不可压流的规律基础上"吸处更吸，压处更压，零处仍为零"。

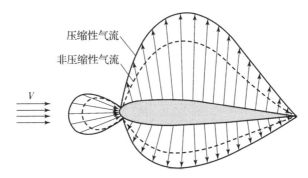

图 2-24 可压流与不可压流的机翼压力分布

2. 声速

飞机在空中飞行，机身、机翼等会随时对空气产生扰动，使飞机周围空气的压力、密度、温度发生变化，并向外传播。压力、密度等气体参数变化微小的扰动，称为弱扰动。例如，说话时声带对空气的扰动就是弱扰动。压力、密度等气体参数变化显著的扰动，叫强扰动。例如，原子弹爆炸中心产生的扰动就是强扰动。

在扰动传播过程中，受扰动的气体与未受扰动的气体之间有一分界面，这个分界面叫扰动波或称压力波。波面前后压力差微小的，叫弱扰动波，弱扰动波又叫声波。波面前后压力差显著的，叫强扰动波，也叫激波。

弱扰动波的传播速度就是声速，用 a 表示。

$$a = \sqrt{\frac{\mathrm{d}p}{\mathrm{d}\rho}} \qquad (2-34)$$

式（2-34）表明，在压力改变同样数量的情况下，若密度变化量大，则声速小，说明空气易压缩；反之，声速大，空气不易压缩。可见，声速的大小反映了空气是否容易被压缩这一物理属性。

声速公式还可用其他形式表示。

弱扰动波在空气中的传播，因其压力、密度变化非常快，来不及与周围气体进行热交换。因此，这一过程可以认为是绝热过程。故其压力和密度间的关系为

$$\frac{p}{\rho^K} = C \qquad (2-35)$$

代入式（2-35）可得

$$a = \sqrt{K\frac{p}{\rho}} \qquad (2-36)$$

将状态方程 $p = \rho RT$ 代入式（2-36），可得

$$a = \sqrt{KRT} \qquad (2-37)$$

式（2-37）说明，声速的大小取决于绝热指数（K）、气体常数（R）和气体的绝对温度（T）。对于空气来讲，$K = 1.4$，$R = 287.06 \text{ J/(kg·℃)}$，所以声速为

$$a = 20\sqrt{T} \qquad (2-38)$$

式（2-38）表明，空气温度高，声速大，空气难压缩；反之，气温低，声速小，空气容易压缩。

3. M 数

由以上分析可见，空气流过机翼时，其压缩性大小受该处声速和飞行速度两个方面的影响。为了综合考虑这两个因素对空气压缩性的影响，取飞行速度与声速的比值，称为飞行马赫数，简称 M 数，作为衡量空气压缩性的标志。即

$$M = \frac{v}{a_\mathrm{H}} \qquad (2-39)$$

式中，M 为飞行 M 数；v 为飞行速度（m/s）；a_H 为飞机所在高度的声速（m/s）；

M 数大，说明飞行速度大，或声速小，即说明空气的压缩性大；M 数小，说明飞行速度小，或声速大，即空气的压缩性小。一般情况下，在 M 数小于 0.35 的情况下，由于空气密度变化程度较小，可以不考虑空气压缩性影响，称为低速飞行。M 数超过 0.35，由于空气密度变化的影响越来越大，就必须

考虑空气压缩性的影响。

M 数大于 1，表示飞行速度大于飞机所在高度的声速，称为超声速。M 数小于 1，表明飞行速度小于飞机所在高度的声速，称为亚声速。M 数等于 1，表明飞行速度等于声速。

2.4.2 翼型的高速空气动力特性

对翼型的高速空气动力特性分亚声速、跨声速、超声速三个阶段进行分析，以了解空气压缩性在不同阶段对其空气动力产生的影响。

1. 翼型的亚声速空气动力特性

1）升力特性

(1) 升力系数 C_L 和升力系数曲线斜率 $C_{L\alpha}$ 随 M 变化规律

可压流与不可压流中机翼的升力系数 C_L 和升力系数曲线斜率 $C_{L\alpha}$ 的对应量关系为

$$C_{L可压} = \frac{C_{L不可压}}{\sqrt{1-M^2}} \tag{2-40}$$

$$C_{L\alpha可压} = \frac{C_{L\alpha不可压}}{\sqrt{1-M^2}} \tag{2-41}$$

式 (2-40)、式 (2-41) 表明，在亚声速阶段，机翼的升力系数和升力系数曲线斜率都随飞行 M 数的增大而增大。升力系数增大，说明同一迎角下，可压流的机翼升力比不可压流的大。这是因为由于空气压缩性的影响，机翼上下表面产生了额外的吸力或压力。

(2) 临界迎角和最大升力系数随 M 数变化规律

飞行 M 数增大，机翼上表面的吸力额外增加。但各点吸力增加的数值却不等。在最低压力点附近，因流速增加得多，密度减小得多，吸力额外增加得多；而在上表面的后缘处，吸力增加得少（见图 2-24）。于是，随着 M 数的增大，机翼上表面后缘的压力比最低压力点的压力大得更多，逆压梯度增大，导致附面层空气更容易倒流。这就有可能在比较小的迎角下出现严重的气流分离，临界迎角和最大升力系数随之下降。

2）阻力特性

飞行 M 数增大，一方面前缘压力由于空气压缩性的影响而有额外增加，压差阻力系数增大，但增大很有限；另一方面飞行 M 数增大（或者飞行速度增大，或者声速减小——气温降低，黏性系数 μ 减小），雷诺数 Re 增大，导致摩擦阻力系数减小，但减小也很有限。于是，随着飞行 M 数的增大，压差阻力系数的增大和摩擦阻力系数的减小相抵,机翼型阻系数(压差阻力系数与摩擦阻力系数之和)基本不随飞行 M 数而变化。

2. 翼型的跨声速空气动力特性

高速飞行中,在飞行速度还没有达到声速的情况下,机翼表面的局部地区有可能出现超声速气流并产生激波。这时飞机进入跨声速飞行。这种超声速气流和激波是在机翼表面的局部地区出现的,故称为局部超声速气流和局部激波。机翼表面出现了局部超声速气流和局部激波,会显著改变机翼表面的压力分布,导致机翼空气动力特性发生明显变化。

1)局部激波

(1)临界 M 数

飞机以一定的速度飞行时,空气流过机翼上表面凸起部分,由于流管收缩,局部流速必然加快而大于飞行速度。局部速度的加快,必然引起局部温度降低,从而局部声速也减小。这样,随着飞行速度逐渐增大,在上表面最低压力点(即局部气流速度最大的那一点)处的气流速度也不断加快,而该点的局部声速则不断减小。于是,局部气流速度与局部气流声速逐渐接近,以至相等。

当飞行速度增大到一定程度时,机翼表面最低压力点的气流速度刚好等于该点气流的声速,此时的飞行速度叫临界飞行速度,简称临界速度,记作 $v_{临}$。此时的飞行 M 数就是飞机的临界 M 数,简称临界 M 数,记作 $M_{临}$。

$$M_{临} = \frac{v_{临}}{a_H} \quad (2-42)$$

式中,a_H 为飞机所在高度的大气声速。

临界 M 数的大小,表示机翼最低压力点处产生局部超声速气流继而形成激波(局部激波)的早晚。$M_{临}$ 大,表示该机翼产生局部超声速气流晚;$M_{临}$ 小,表示产生局部超声速气流早。$M_{临}$ 是衡量机翼空气动力性能的一个很重要的参数。

(2)局部激波的产生和发展

①局部激波的产生。

当飞行 M 数增至临界 M 数时,机翼上表面首先出现等声速点。如继续增大飞行 M 数,等声速点的后面流管扩张,气流膨胀加速,出现局部超声速区。在超声速区内压力下降,比大气压力小得多,但机翼后缘的压力却接近大气压力。这种较大的逆压梯度,必然以较强的压力波的形式,逆着机翼表面的气流向前传播。由于是强压力波,故其传播速度大于当地声速。又因为机翼表面的部分地区气流速度已经超过局部声速,所以,当压力波传到某一位置,其传播速度等于迎面的局部超声速气流速度时,就不能再继续前传,而稳定在这一位置上,出现一压力突增面,称为局部激波,如图 2 – 25 所示。气流通过局部激波后,即减速为亚声速气流向后流去,同时压力、密度、温度突然升高。局部激波前,等声速线(所有等声速点组成的线,对机翼来说为一曲面)后是局部超声速区,其他则是亚声速。此时,机翼周围既有亚声速气流,又有超声速气流,这就是跨声速飞行的特点。

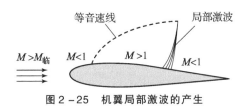

图 2 – 25　机翼局部激波的产生

②局部激波的发展。

对称翼型局部激波发展过程如图 2 – 26 所示。这一过程可划分为以下几个阶段:

当 $M_\infty = 0.75$ 时,只在上表面有很小的超声速区,尚未形成局部激波 [图 2 – 26 (a)]。当 M_∞ 稍大于 0.75 时,在机翼上表面就会形成激波。随着 M_∞ 增大,局部超声速区扩大,等声速点前移,局部激波后移(图 2 – 26 (b) (c))。等声点之所以前移,是因为上下表面各点的气流速度均随 M_∞ 增大而普遍加快。局部激波之所以后移,是因为 M_∞ 增大,局部超声速区内气流速度也相应增大,迫使局部激波后移到某一位置,其传播速度增加到与局部气流速度相等时,激波重新稳定在新的位置上。

M_∞ 由 0.81 增至 0.89 过程中,在翼型的下表面也形成了局部激波。但其位置较靠后,且随 M_∞ 增大,激波迅速移到后缘 [图 2 – 26 (c)]。这是因为具有小迎角(如 $\alpha = 2°$)的对称翼型,其下表面最低压力点靠后,所以激波位置靠后。又因为下表面流管变化较小,气流膨胀加速较上表面平缓,故当 M_∞ 增大时,只有激波后移较大距离,才能增强到相应强度,其传播速度才能重新等于波前气流速度。因此,下表面局部激波一旦产生,便迅速移到后缘。

M_∞ 继续增大到 0.98 时,上表面局部激波仍继续后移,直到后缘 [图 2 – 26 (d)]。

M_∞ 再增大,将出现头部激波 [图 2 – 26 (e)],后缘激波更向后倾斜。

上述关于局部激波在上下表面的产生和发展过程,虽然只是某一翼型的实验结果,但具有一定的代表性。因此,研究机翼的跨声速空气动力特性,我们就以上述关于局部激波的发展趋势和过程作为基础。

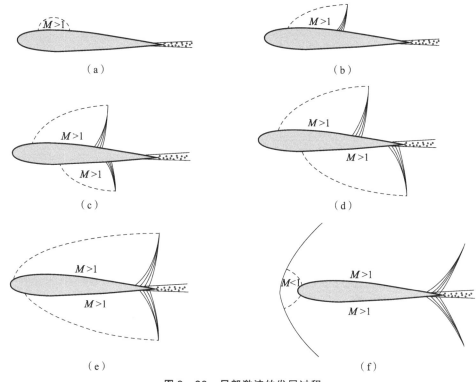

图 2-26 局部激波的发展过程
（a）$M=0.75$；（b）$M=0.81$；（c）$M=0.85$；
（d）$M=0.89$；（e）$M=0.98$；（f）$M=1.40$

2）翼型的跨声速升力特性

图 2-27 所示为机翼的升力系数 C_L 随飞行 M 数变化的曲线。从图中可以看出，在跨声速阶段，随着飞行 M 数的增大，升力系数先增大，随后减小，接着又增大，而后又减小。升力系数之所以有如此起伏的变化，是机翼上下表面出现了局部超声速区和局部激波的结果。

飞行 M 数小于临界 M 数时，机翼上下表面全部是亚声速气流，升力系数按亚声速规律变化：M 数增大，空气压缩性影响明显，使升力系数增大。图 2-27 中 A 点以前的一段曲线，就反映了亚声速阶段升力系数随飞行 M 数的变化规律。

图 2-27 中，A 点所对应的 M 数为临界 M 数。由图可见，飞行 M 数超过临界 M 数后，升力系数随 M 数增大而迅速增加。这是因为，此时机翼上表面已出现局部超声速区并随着 M 数的增大而不断扩大。在超声速区，流速不断增加，压力不断减小，即吸力不断增大，这种迅速增加的额外吸力促使机翼升

力有额外增加，导致升力系数迅速增加，如图2-27中曲线AB段所示。

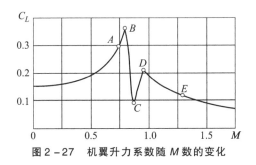

图2-27 机翼升力系数随M数的变化

图2-27中，B点对应的M数为机翼下表面开始出现等声速点的M数。由图可见，飞行M数再增大，升力系数迅速下降。因为这时机翼下表面也出现了局部超声速区和局部激波。产生了向下的附加吸力，引起机翼上下表面压力差减小，致使升力系数下降。随着M数的进一步增大，机翼下表面的局部激波迅速向后移动，使机翼上下表面压力差迅速减小，导致升力系数继续下降，如图2-27中曲线BC段所示。

图2-27中，C点对应的M数，为机翼下表面局部激波移至后缘时的飞行M数。由图可见，飞行M数继续增大，升力系数又开始增加。因为这时机翼下表面的局部激波已移至后缘，不再移动了，而上表面激波仍随着飞行M数的增大继续后移，超声速区扩大，压力继续下降，即额外吸力继续增加，使机翼上下表面压力差增大。于是，升力系数重新增加，如图2-27中曲线CD段所示。

图2-27中，D点为机翼上表面局部激波移至后缘时的飞行M数。由图可见，飞行M数再增大，升力系数又开始下降。因为机翼上表面局部激波移至后缘时，等声速点也基本移至前缘，而机翼下表面由于开始出现的局部超声速区靠后，且局部激波后移迅速，当局部激波移至后缘时，等声速点仍未移至前缘。因此，飞行M数增大，上表面超声速区基本不扩大，而下表面等声速点继续前移，超声速区扩大，吸力增大，致使升力系数减小，如图2-27中曲线DE段所示。

飞行M数超过了图上E点所对应的M数后，机翼产生了前缘激波，升力系数C_L将按超声速流动规律变化。

3）翼型的跨声速阻力特性

飞行M数超过临界M数，机翼阻力急剧增加，这是机翼上下表面的局部激波所引起的。这种由于出现激波而产生的额外阻力，叫作激波阻力，简称波阻。

（1）跨声速飞行时，波阻产生的原因

飞机做跨声速飞行时，机翼的激波阻力是由以下两个原因产生的：

①超声速区造成的额外阻力。飞行 M 数超过临界 M 数以后，机翼表面出现了局部超声速区和局部激波，局部超声速区内吸力增大，而机翼前段吸力增加少，吸力增加多的地方位于机翼的中、后段表面，故总的增加的吸力的方向向后倾斜，如图 2-28 所示。由于增加的吸力向后倾斜，使得机翼前后压力差增大。这种由于增加的吸力向后倾斜所产生的阻力，是跨声速阶段激波阻力产生的原因之一。

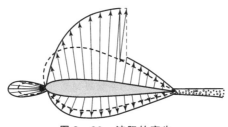

图 2-28 波阻的产生

②激波与附面层干扰。由于激波与附面层干扰，当机翼的局部激波发展到一定程度，局部激波会使附面层气流分离。在分离点后面的涡流区内，压力减小，使机翼前后的压力差更加增加。这种由于局部激波激发附面层气流分离所额外增加的阻力，是跨声速阶段激波阻力产生的又一原因。空气超声速流过机翼表面时，附面层内的气流按其速度大小可分为两层：一层贴近机翼表面，流速小于声速，是亚声速底层；另一层稍靠外，流速大于声速，是超声速外层。在这两层的分界线上，流速等于声速是等声速线。机翼表面的局部激波只能达到附面层的超声速外层，而达不到附面层的亚声速底层。局部激波只能存在于附面层的超声外层及主流区之中，如图 2-29 所示。

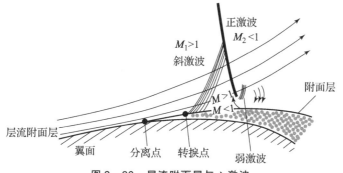

图 2-29 层流附面层与 λ 激波

（2）阻力系数随飞行 M 数的变化

实践和理论计算表明，在翼型和迎角固定的条件下，在跨声速范围，阻力系数随 M 数的增大而急剧增大，如图 2-30 中 BC 段所示。

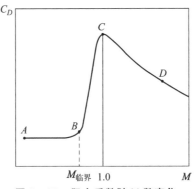

图 2-30　阻力系数随 M 数变化

飞行 M 数超过临界 M 数不多时，机翼上表面的局部超声速区范围很小，附加吸力还不大，向后倾斜也不厉害，前后压力差额外增加得不多，所以阻力系数增加略缓慢些。随着飞行 M 数的进一步增大，一方面，机翼上表面的局部激波逐渐后移，局部超声速区不断扩大，附加吸力越来越大，且越向后倾斜，使机翼前后的压力差有了显著的额外增加，阻力系数就急剧增加；另一方面，由于激波处附面层气流分离，也使机翼前后压力差有额外的增加，这也是导致阻力系数急剧增加的原因。

如果飞行 M 数继续增大，由于上下表面局部激波继续后移，局部超声速区继续扩大，激波引起的附面层气流分离影响更为显著，所以，阻力系数增加更为急剧。当飞行 M 数增大到 1 附近，机翼上表面局部激波移至后缘，此时阻力系数达到最大。M 数再增大，阻力系数减小。机翼出现前缘激波后，阻力系数随 M 数的变化遵循超声速规律。

（3）在不同迎角下，机翼阻力系数随飞行 M 数的变化

由于迎角增大，临界 M 数降低，机翼表面也就更早地出现局部超声速区和局部激波。迎角越大，阻力系数开始剧烈增长的 M 数也相应越小。

迎角增大要引起机翼上表面的吸力增大，并且更加向后倾斜，促使前后压力差增加，阻力系数增大。这从图 2-31 中对比大小迎角下的压力分布就可以清楚地看出来，所以图 2-32 中，大迎角下阻力系数随飞行 M 数变化的曲线位于小迎角上边。

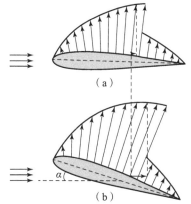

图 2-31 不同迎角下压力分布比较

(a) 小迎角；(b) 大迎角

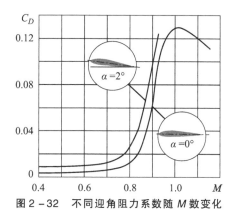

图 2-32 不同迎角阻力系数随 M 数变化

3. 翼型的超声速空气动力特性

由于低速圆头翼型在超声速气流中会产生脱体激波，引起较大的损失，产生很大的阻力。所以，超声速翼型要求前缘都应该是尖的。但任何超声速飞机都要经过起、落的低速飞行阶段。为兼顾低速和超声速两种情况，一般超声速机翼和尾翼还都是采用小圆头、尖尾的对称薄翼型。下面讨论对称薄翼型的超声速升、阻力特性。

如图 2-33 所示，在小迎角下，超声速气流经过翼型前缘，相当于绕内凹角流动，产生两道附体的斜激波。通过斜激波，方向偏转到翼型前缘的切线方向，随后沿翼型表面流动。这相当于绕外凸曲面的流动，产生一系列膨胀波而连续膨胀加速。从翼型前部所发出的膨胀波将与前缘激波相交，削弱激波，使激波角减小，最后减弱为弱扰动波。当上下翼面的超声速气流到达后缘时，由于上下气流指向不一致（二者之差为后缘角），压力也不相等，故又产生两道斜激波，使汇合的气流有相同的指向和压力。后缘激波越伸越远，被翼面延伸出来的膨胀波所削弱，最后变成弱扰动波。

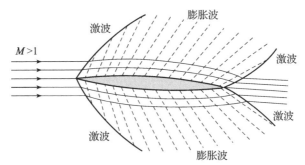

图 2-33 小迎角时超声速气流流过对称薄翼型的流线谱

在正迎角下，下翼面比上翼面气流转折角大，激波强度强，波后 M 数较小，压力大。因而上下翼面产生压力差，压力差总和垂直于远前方来流方向的合力，就是升力，而平行于远前方来流方向上的合力，就是波阻。

习　题

1. 什么叫机翼的相对弯度、最大厚度位置、厚弦比？写出它们的定义式。
2. 什么叫机翼的展弦比、后掠角、迎角？写出展弦比定义式。
3. 什么叫压力系数、升力系数？写出定义式。
4. 写出升力公式，说明升力产生的原理和影响升力大小的因素。
5. 说明摩擦阻力、压差阻力和干扰阻力产生的原因及影响因素。
6. 说明下洗流、翼尖涡流产生的原因。
7. 写出诱导阻力系数表达式，说明影响因素。
8. 写出阻力公式，分析影响阻力大小的因素。
9. 什么叫飞机的升阻比？写出其定义式。
10. 分析升阻比随迎角的变化规律。
11. 解释下列概念：
（1）飞机极线；（2）临界迎角；（3）零升力迎角；（4）有利迎角。
12. 增升装置分哪几类？说明它们的增升原理。
13. 某飞机做低速吹风实验，$\alpha = 5°$，气流速度 $v_\infty = 200 \text{ km/h}$，测得 $C_L = 0.25$，若迎角不变，气流速度增大到 400 km/h，问 C_L 为多大？
14. 某飞机迎角保持不变，速度增大 20%，其升力增量应是下列哪一个？

（1）20%；（2）40%；（3）22%；（4）44%。

15. 某飞机的机翼面积 $S = 25 \text{ m}^2$，若以 540 km/h 的速度在海平面平飞，$C_L = 0.25$，求飞机的质量。

16. 理想气流流过光滑机翼，会产生哪种阻力？为什么？

17. 同一架飞机在同一高度，分别以大速度（小迎角）和小速度（大迎角）平飞，哪种情况压差阻力大？哪种情况诱导阻力大？

18. 机翼面积一定时，翼展变为原来的1/2倍，诱导阻力系数将变为原来的多少倍？

（1）2倍；（2）4倍；（3）1/2倍；（4）1/4倍。

19. 已知某机质量为 8 000 kg，展长为 9 m，弦长 2.78 m，机翼面积为 25 m²，$C_{D0} = 0.08$，$C_L = 0.25$。飞机以 540 km/h 的速度在海平面平飞，求飞行阻力（设机翼为矩形翼）。

20. 已知某飞机在海平面以有利迎角平飞，升力等于重力，机翼面积为 25 m²，升力系数为 0.25，飞行速度为 540 km/h，机翼的展弦比为 3.24，求飞机此时的升力和阻力。

21. 什么是声速、M 数？写出其公式。

22. 什么是临界 M 数，写出其定义。说明 $M_{临}$ 的物理意义。

23. 说明局部激波产生的条件和发展变化的原因。

24. 画出 $C_L \sim M$ 曲线，说明 C_L 随 M 数变化规律。

25. 画图说明跨声速飞行时，波阻产生的原因。波阻的实质是什么？

第 3 章

飞机的飞行性能

研究飞机的飞行性能时，飞机运动轨迹的变化和飞行姿态的变化取决于作用在飞机上的外力和外力矩。为此，本章首先介绍坐标系的定义与转换关系，然后根据作用在飞机上的外力和外力矩建立飞机飞行的运动方程。并在飞行运动方程的基础上，介绍飞机的基本飞行性能、机动飞行性能和起飞着陆性能。

3.1 常用坐标系的定义

飞机的运动方程总是与一定的坐标相联系。在研究飞机的运动特性时，也经常要用到各种不同的坐标系和运动参数描述。因此，在建立飞机质心运动方程之前，先定义几种常用坐标系和飞机的运动参数。

3.1.1 坐标系的定义

坐标系是描述运动体位置、姿态的参考标准。本小节介绍建立飞行仿真模型采用的几种主要的坐标系。下面定义的坐标系均为三维正交系，且遵循右手法则。建立飞行仿真模型，除了应用国家标准规定的坐标系的定义之外，有的也沿用了其他坐标系定义。为了适应坐标系规定的过渡，下面以地面坐标系和机体坐标系为例，介绍我国以往所用的坐标系定义。

1. 地面固定坐标系 $Ox_0y_0z_0$，简称 S_0（earth – fixed axis system）

它是指原点和三个坐标轴均相对于地面固定不动的坐标系。

2. 铅垂地面固定坐标系 $Ox'_gy'_gz'_g$，简称 S'_g（normal earth – fixed axis system）

它是地面固定坐标系之一，其 z'_g 轴铅垂向下。

3. 飞机牵连铅垂地面坐标系 $Ox_g y_g z_g$，简称 S_g（aircraft – carried normal earth axis system）

它是指原点通常固定于飞机重心，每个坐标轴的方向均与 x_g'、y_g'、z_g' 相同的坐标轴系，如图 3 – 1 所示。

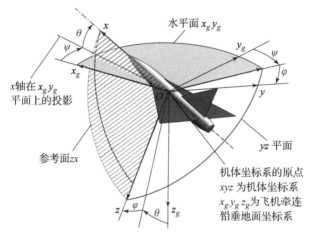

图 3 – 1 机体坐标系相对于飞机牵连铅垂地面固定坐标系的方位

4. 机体坐标系 $Ox_b y_b z_b$，简称 S_b（body axis system）

在介绍机体坐标系之前，先介绍几个基本概念。纵轴是位于飞机参考面（飞机对称平面）内指向前方的坐标轴，通常规定纵轴平行于机身轴线或翼根弦线；横轴是垂直于飞机参考面指向右方的坐标轴，竖轴是在飞机参考面内垂直于纵横轴指向下方的坐标轴。

固定在飞机上的坐标系，其原点通常位于飞机的重心，纵轴位于飞机参考面内指向前方为正，横轴垂直于飞机参考面指向右方为正，竖轴在飞机参考面内垂直于纵轴指向下方为正。

5. 气流坐标系 $Ox_a y_a z_a$，简称 S_a（air – path axis system）

气流坐标系的原点通常固定于飞机的重心，其 x_a 轴沿飞行速度方向；z_a 轴在飞机参考面内垂直于 x_a 轴指向下方；y_a 轴垂直于 x_a 轴和 z_a 轴，指向右方，如图 3 – 2 所示。

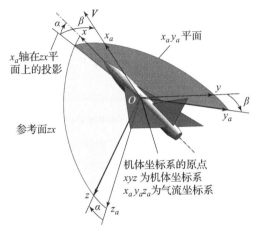

图 3-2 飞机速度相对于机体坐标系的方位

6. 半机体坐标系 $Ox_iy_iz_i$，简称 S_i（intermediate axis system）

原点通常固定于飞机的重心，其 x_i 轴沿飞机速度在飞机参考面上的投影；y_i 轴垂直于参考面指向右方；z_i 轴在参考面内垂直于 x_i 轴，指向下方。

7. 航迹坐标系 $Ox_ky_kz_k$，简称 S_k（flight-path axis system）

原点通常固定于飞机的重心，其 x_k 轴沿航迹速度的方向；z_k 轴在包含 x_k 轴的铅垂平面内，垂直于 x_k，指向下方；y_k 轴垂直于 z_kx_k 平面，指向右方。

8. 稳定坐标系 $Ox_sy_sz_s$，简称 S_s（stability axis system）

原点通常位于飞机的重心，x_s 轴沿未受扰运动飞机速度在飞机参考面上的投影；y_s 轴垂直于飞机参考面，指向右方；z_s 轴在参考面内，垂直于 x_s 轴，指向下方。

气动力矩的三个分量（滚转力矩、偏航力矩和俯仰力矩）是在机体坐标系中定义的。

3.1.2 几个常用的角度

飞机的迎角、侧滑角是计算飞机气动力/力矩的重要参数。三个欧拉角即俯仰角、滚转角和偏航角用来确定飞机的姿态。

1. 侧滑角 β（angle of side-slip）

侧滑角 β 是飞行速度与飞机参考面的夹角。当飞行速度沿横轴的分量为正时，β 为正，$-\frac{\pi}{2} \leqslant \beta \leqslant \frac{\pi}{2}$。

2. 迎角 α（angle of attack）

迎角 α 是飞行速度在飞机参考面上的投影与纵轴的夹角。当飞行速度沿竖轴的分量为正时，α 迎角为正，$-\pi \leqslant \alpha \leqslant \pi$。

3. 偏航角 ψ（azimuth angle，yaw angle）

偏航角 ψ 是机体纵轴在水平面上的投影与 x_g 轴的夹角。当纵轴正半轴的投影线位于 x_g 轴的右侧时，ψ 为正。

4. 俯仰角 θ（pitch angle）

俯仰角 θ 是机体纵轴与水平面的夹角。当纵轴的正半轴位于过原点的水平面之上时，θ 为正，$-\frac{\pi}{2} \leqslant \theta \leqslant \frac{\pi}{2}$。

5. 滚转角 φ（roll angle）

滚转角 φ 是机体竖轴与过纵轴的铅垂平面的夹角。当竖轴的正半轴位于该铅垂平面之左时，φ 为正。我国常用的机体坐标系与地面坐标系间的欧拉角为 ψ、θ、φ，因竖轴和立轴 z 方向相反，所以 ψ 符号相反。

6. 滚转操纵器的偏度 δ_a（roll motivator deflection）

产生绕纵轴的力矩，气动滚转操纵器为副翼，其当量偏度为 $\delta_a = (\delta_{ar} - \delta_{al})/2$，$\delta_{ar}$ 和 δ_{al} 分别为右副翼和左副翼的偏角，以后缘向下为正，如图 3-3 所示。

7. 俯仰操纵器的偏度 δ_e（pitch motivator deflection）

产生绕横轴的力矩，气动俯仰操纵器为升降舵，其偏度以后缘向下为正，如图 3-3 所示。

8. 偏航操纵器的偏度 δ_r（yaw motivator deflection）

产生绕竖轴的力矩，气动偏航操纵器为方向舵，其偏度以后缘向左为正，如图 3-3 所示。

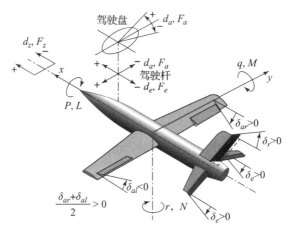

图3-3 操纵器偏角、座舱操纵位移和力

3.2 飞机的运动方程

在建立飞机的运动方程中,我们选用具有广泛通用性的六自由度、变系数、非线性全量微分方程组。

坐标系的选择要从飞机模拟器要求运动方程解算的内容、信息交换的方便程度、运算简便和节省机时等因素综合考虑。按以往惯例,3个力矩方程用机体坐标系,3个力方程用航迹坐标系,优点是方程形式简便,可直接求出飞行速度,但解算费时(如计算 α、β 公式复杂),坐标系间的转换量大,不利于实时模拟。如果力方程也用机体坐标系,就可以克服上述弊病,这时不仅 α、β 公式简单,且坐标系间的转换量大大减少。因为模拟器要求解算的运动参数多数是相对机体坐标系的,少量参数由机体坐标系转换到地面坐标系即可,所以,运动方程全部采用了机体坐标系。

现在我们来推导一下飞机的运动方程。为了简化方程,在推导过程中给出下列假设:

①忽略弹性影响,视飞机为一刚体;
②不考虑旋转部件(如发动机)对飞机运动的影响;
③认为大气静止不动;
④不考虑地球的旋转和地球的曲率,不考虑重力随高度的变化。

3.2.1 飞机的动力学方程

作为理想刚体的飞机有 6 个自由度。在惯性坐标系中，用 3 个描述质心移动的动力学方程（即力方程）和 3 个描述绕质心转动的动力学方程（即力矩方程），就可以完全确定在一定外力和外力矩作用下飞机的各种运动规律。

1. 飞机质心的动力学方程

由力学原理，飞机质心的移动描述如下：

$$m\boldsymbol{a} = \sum \boldsymbol{F} \tag{3-1}$$

式中，m 为飞机质量；$\sum \boldsymbol{F}$ 为作用在飞机上的合外力向量；$\boldsymbol{a}$ 为加速度向量，则

$$\begin{aligned}
\boldsymbol{a} &= \frac{\mathrm{d}\boldsymbol{V}}{\mathrm{d}t} = \frac{\mathrm{d}(u\boldsymbol{i} + v\boldsymbol{j} + w\boldsymbol{k})}{\mathrm{d}t} \\
&= \frac{\mathrm{d}u}{\mathrm{d}t}\boldsymbol{i} + \frac{\mathrm{d}v}{\mathrm{d}t}\boldsymbol{j} + \frac{\mathrm{d}w}{\mathrm{d}t}\boldsymbol{k} + u\frac{\mathrm{d}\boldsymbol{i}}{\mathrm{d}t} + v\frac{\mathrm{d}\boldsymbol{j}}{\mathrm{d}t} + w\frac{\mathrm{d}\boldsymbol{k}}{\mathrm{d}t} \\
&= \dot{u}\boldsymbol{i} + \dot{v}\boldsymbol{j} + \dot{w}\boldsymbol{k} + u \cdot \boldsymbol{\omega} \times \boldsymbol{i} + v \cdot \boldsymbol{\omega} \times \boldsymbol{j} + w \cdot \boldsymbol{\omega} \times \boldsymbol{k} \\
&= \dot{u}\boldsymbol{i} + \dot{v}\boldsymbol{j} + \dot{w}\boldsymbol{k} + \boldsymbol{\omega} \times \boldsymbol{V} \\
&= \frac{\delta \boldsymbol{V}}{\delta t} + \boldsymbol{\omega} \times \boldsymbol{V}
\end{aligned} \tag{3-2}$$

式中，$\dfrac{\delta \boldsymbol{V}}{\delta t}$ 为局部导数，它代表坐标轴不旋转时 $\boldsymbol{V}$ 对时间 t 的导数，而

$$\boldsymbol{\omega} \times \boldsymbol{V} = \begin{vmatrix} \boldsymbol{i} & \boldsymbol{j} & \boldsymbol{k} \\ p & q & r \\ u & v & w \end{vmatrix}$$

$$= (qw - rv)\boldsymbol{i} + (ru - pw)\boldsymbol{j} + (pv - qu)\boldsymbol{k}$$

式中，u、v、w 为飞行速度在机体坐标系中的分量；$\dot{u}$、$\dot{v}$、$\dot{w}$ 为飞行加速度在机体坐标系中的分量；p、q、r 为飞机角速度在机体坐标系中的分量。

把式（3-1）代入式（3-2），再将其投影到机体坐标轴的 3 个方向上去，则力方程可变为

$$\begin{cases} m(\dot{u} + qw - rv) = \sum X \\ m(\dot{v} + ru - pw) = \sum Y \\ m(\dot{w} + pv - qu) = \sum Z \end{cases} \tag{3-3}$$

式中，$\sum X$、$\sum Y$、$\sum Z$ 分别为 $\sum \boldsymbol{F}$ 在机体轴上的投影。

2. 绕飞机质心转动的动力学方程

根据力学原理,飞机绕质心的转动方程为

$$\frac{\mathrm{d}\boldsymbol{H}}{\mathrm{d}t} = \boldsymbol{M} \tag{3-4}$$

式中,$\boldsymbol{H}$ 为绕飞机质心的动量矩,$\boldsymbol{M}$ 为合外力矩,而

$$\frac{\mathrm{d}\boldsymbol{H}}{\mathrm{d}t} = \frac{\delta\boldsymbol{H}}{\delta t} + \boldsymbol{\omega}\times\boldsymbol{H} \tag{3-5}$$

把式(3-5)代入式(3-4),并把它投影到机体轴上,即可得

$$\begin{cases} \dfrac{\mathrm{d}H_x}{\mathrm{d}t} + qH_z - rH_y = L \\ \dfrac{\mathrm{d}H_y}{\mathrm{d}t} + rH_x - pH_z = M \\ \dfrac{\mathrm{d}H_z}{\mathrm{d}t} + pH_y - qH_x = N \end{cases} \tag{3-6}$$

式中,H_x、H_y、H_z 为飞机的动量矩在机体坐标系3个方向上的分量;L、M、N 为作用在飞机上的合外力矩在机体坐标系3个方向上的分量。

$$\begin{cases} H_x = I_x p - I_{xy} q - I_{xz} r \\ H_y = I_y q - I_{xy} p - I_{yz} r \\ H_z = I_z r - I_{zx} p - I_{zy} q \end{cases} \tag{3-7}$$

其中,转动惯量 I_x、I_y、I_z 与惯性积 I_{xy}、I_{yz}、I_{zx} 计算如下:

$$\begin{cases} I_x = \int (y^2 + z^2)\,\mathrm{d}m \\ I_y = \int (x^2 + z^2)\,\mathrm{d}m \\ I_z = \int (x^2 + y^2)\,\mathrm{d}m \end{cases} \tag{3-8}$$

$$\begin{cases} I_{xy} = \int xy\,\mathrm{d}m \\ I_{yz} = \int yz\,\mathrm{d}m \\ I_{zx} = \int zx\,\mathrm{d}m \end{cases} \tag{3-9}$$

把式(3-7)代入式(3-6),整理后得到

$$\begin{cases} I_x\dot{p} - I_{yz}(q^2 - r^2) - I_{zx}(\dot{r} + pq) - I_{xy}(\dot{q} - rp) - (I_y - I_z)qr = L \\ I_y\dot{q} - I_{zx}(r^2 - p^2) - I_{xy}(\dot{p} + pr) - I_{yz}(\dot{r} - pq) - (I_z - I_x)rp = M \\ I_z\dot{r} - I_{xy}(p^2 - q^2) - I_{yz}(\dot{q} + rp) - I_{zx}(\dot{p} - qr) - (I_x - I_y)pq = N \end{cases} \tag{3-10}$$

因为 Ox_bz_b 平面（纵向对称面）是质量对称面，即 y_b 轴为惯性主轴，根据惯性主轴的惯性积为 0，有

$$I_{xy} = I_{yz} = 0 \tag{3-11}$$

把式（3-11）代入式（3-10），整理后得到

$$\begin{cases} I_x\dot{p} - I_{zx}(\dot{r}+pq) - (I_y-I_z)qr = L \\ I_y\dot{q} - I_{zx}(r^2-p^2) - (I_z-I_x)rp = M \\ I_z\dot{r} - I_{zx}(\dot{p}-qr) - (I_x-I_y)pq = N \end{cases} \tag{3-12}$$

3.2.2　飞机的运动学方程

在建立飞机的运动学方程中，经常需要用到不同的坐标系，因此，需要进行不同坐标系之间的变量转换。例如，从机体坐标系上的速度分量求解地面坐标系上的速度分量，或者反过来，由地面坐标系上的速度分量求解机体坐标系上的速度分量。而利用方向余弦矩阵则是进行这种变量转换的一种方便的方法。

1. 坐标转换的方向余弦矩阵

建立运动方程时，还需要知道各坐标系之间的相互投影关系，即坐标转换矩阵。下面推导坐标转换的一般法则。

1）平面坐标系各轴间的转换

设两平面坐标系 Ox_py_p 和 Ox_qy_q，当坐标系 Ox_py_p 顺时针转过 α 角（$\alpha < 0°$）后，将与新坐标系 Ox_qy_q 重合（见图 3-4）。则某向量 $\boldsymbol{r}$ 在坐标系中可分别表示为 (x_p, y_p) 和 (x_q, y_q)。如已知向量的坐标 (x_p, y_p)，则坐标 (x_q, y_q) 计算如下：

$$\begin{cases} x_q = x_p\cos\alpha + y_p\sin\alpha \\ y_q = -x_p\sin\alpha + y_p\cos\alpha \end{cases} \tag{3-13}$$

写成矩阵形式为

$$\begin{bmatrix} x_q \\ y_q \end{bmatrix} = \begin{bmatrix} \cos\alpha & \sin\alpha \\ -\sin\alpha & \cos\alpha \end{bmatrix} \begin{bmatrix} x_p \\ y_p \end{bmatrix} \tag{3-14}$$

令 $\boldsymbol{L}_{qp} = \begin{bmatrix} \cos\alpha & \sin\alpha \\ -\sin\alpha & \cos\alpha \end{bmatrix}$，则

$$\boldsymbol{r}_q = \boldsymbol{L}_{qp}\boldsymbol{r}_p \tag{3-15}$$

式中，$\boldsymbol{L}_{qp}$ 为从坐标系 p 到坐标系 q 的坐标转换矩阵，即这两个坐标轴系之间的方向余弦矩阵。

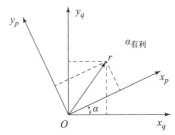

图 3-4 平面坐标系转换关系

同样，如已知 (x_q, y_q)，则 (x_p, y_p) 计算如下：

$$\begin{cases} x_p = x_q\cos\alpha - y_q\sin\alpha \\ y_p = -x_q\sin\alpha + y_q\cos\alpha \end{cases} \quad (3-16)$$

写成矩阵形式为

$$\begin{bmatrix} x_p \\ y_p \end{bmatrix} = \begin{bmatrix} \cos\alpha & -\sin\alpha \\ \sin\alpha & \cos\alpha \end{bmatrix} \begin{bmatrix} x_q \\ y_q \end{bmatrix} \quad (3-17)$$

令

$$\boldsymbol{L}_{pq} = \begin{bmatrix} \cos\alpha & -\sin\alpha \\ \sin\alpha & \cos\alpha \end{bmatrix}$$

则

$$\boldsymbol{r}_p = \boldsymbol{L}_{pq}\boldsymbol{r}_q \quad (3-18)$$

式中，$\boldsymbol{L}_{pq}$ 为从坐标系 q 到坐标系 p 的坐标转换矩阵。

由式 (3-15) 和式 (3-18) 可明显看出，转换矩阵具有如下性质：

① $\boldsymbol{L}_{pq} = (\boldsymbol{L}_{qp})^T$，$\boldsymbol{L}_{qp} = (\boldsymbol{L}_{pq})^T$，即 $\boldsymbol{L}_{pq}$ 和 $\boldsymbol{L}_{qp}$ 互为转置矩阵。

② $\boldsymbol{L}_{pq} = (\boldsymbol{L}_{qp})^{-1}$，$\boldsymbol{L}_{qp} = (\boldsymbol{L}_{pq})^{-1}$，即 $\boldsymbol{L}_{pq}$ 和 $\boldsymbol{L}_{qp}$ 互为逆矩阵。

由此可得 $(\boldsymbol{L}_{pq})^T = (\boldsymbol{L}_{pq})^{-1}$，$(\boldsymbol{L}_{qp})^T = (\boldsymbol{L}_{qp})^{-1}$，故 $\boldsymbol{L}_{pq}$ 或 $\boldsymbol{L}_{qp}$ 是正交矩阵。

③ 传递性质。设有三个坐标系 S_p、S_q、S_r，向量 $\boldsymbol{r}$ 在这三个坐标系的分量矩阵可用相应的转换矩阵联系起来，即

$$\boldsymbol{r}_p = \boldsymbol{L}_{pq}\boldsymbol{r}_q, \quad \boldsymbol{r}_q = \boldsymbol{L}_{qr}\boldsymbol{r}_r, \quad \boldsymbol{r}_p = \boldsymbol{L}_{pr}\boldsymbol{r}_r$$

由此可以推出

$$\boldsymbol{L}_{pr} = \boldsymbol{L}_{pq}\boldsymbol{L}_{qr}, \quad \boldsymbol{L}_{rp} = \boldsymbol{L}_{rq}\boldsymbol{L}_{qp}$$

2) 三维坐标系各轴间的转换

原点重合的两个三维坐标系通过旋转也可重合在一起。若仅通过绕其中一轴旋转即可重合，则坐标轴之间的关系类似于平面坐标系（见图 3-5）。

仅绕 Oz_p 轴转过 α 的坐标转换关系可表示为

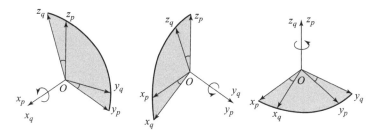

图 3-5 坐标系的基本旋转

$$\begin{bmatrix} x_q \\ y_q \\ z_q \end{bmatrix} = \boldsymbol{L}_z \begin{bmatrix} x_p \\ y_p \\ z_p \end{bmatrix}$$

转换矩阵为

$$\boldsymbol{L}_z = \begin{bmatrix} \cos\alpha & \sin\alpha & 0 \\ -\sin\alpha & \cos\alpha & 0 \\ 0 & 0 & 1 \end{bmatrix} \qquad (3-19)$$

绕 Oy_p 轴和 Ox_p 轴转过 α 的转换矩阵分别为

$$\boldsymbol{L}_y = \begin{bmatrix} \cos\alpha & 0 & -\sin\alpha \\ 0 & 1 & 0 \\ \sin\alpha & 0 & \cos\alpha \end{bmatrix} \qquad (3-20)$$

$$\boldsymbol{L}_x = \begin{bmatrix} 1 & 0 & 0 \\ 0 & \cos\alpha & \sin\alpha \\ 0 & -\sin\alpha & \cos\alpha \end{bmatrix} \qquad (3-21)$$

一般情况下，坐标系 $Ox_qy_qz_q$ 相对于 $Ox_py_pz_p$ 的位置由三个欧拉角 ζ、η、ξ 确定。它们之间的相互转换关系可由 $Ox_py_pz_p$ 按顺序连续绕 Oz 方向转动 ζ，再绕当时的 Oy 方向转动 η，最后绕当时的 Ox 方向转动 ξ，到达 $Ox_qy_qz_q$ 坐标系。利用绕单轴转换矩阵式（3-19）~式（3-21），并根据其转动过程，两坐标轴之间的转换关系应有

$$\begin{bmatrix} x_q \\ y_q \\ z_q \end{bmatrix} = \boldsymbol{L}_x(\xi)\boldsymbol{L}_y(\eta)\boldsymbol{L}_z(\zeta) \begin{bmatrix} x_p \\ y_p \\ z_p \end{bmatrix} \qquad (3-22)$$

或简写成

$$\boldsymbol{r}_q = \boldsymbol{L}_{qp}\boldsymbol{r}_p$$

式中，三维坐标系转换矩阵之间的关系为

$$L_{qp} = L_x(\xi)L_y(\eta)L_z(\zeta) \tag{3-23}$$

该转换矩阵同样具有二维坐标系转换矩阵的特性。

2. 常用坐标系之间的关系

1) 地面坐标系与机体坐标系

机体坐标系 $Ox_by_bz_b$ 相对于地面坐标系 $Ox_gy_gz_g$ 的方位,或者说飞行器在空中的姿态,常用三个欧拉角表示。

地面坐标系 $Ox_gy_gz_g$ 如按图 3-6 上的顺序先绕 Oz 轴方向(即图中 Oz_g 方向)转过 ψ 角,然后绕当时的 Oy 轴方向(即图中 Oy_g 方向)转过 θ 角,最后绕当时的 Ox 轴方向(即图中 Ox_g 方向)转过 φ 角,就可与 $Ox_by_bz_b$ 重合。按坐标转换一般法则,可得出由 $Ox_gy_gz_g$ 到 $Ox_by_bz_b$ 的转换矩阵为

$$L_{bg} = L_x(\varphi)L_y(\theta)L_z(\psi)$$

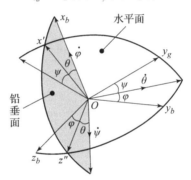

图 3-6 地面坐标系与机体坐标系的关系

利用单轴转换矩阵式(3-19)~式(3-21),最后得出的转换矩阵为

$$L_{bg} = \begin{bmatrix} \cos\theta\cos\psi & \cos\theta\sin\psi & -\sin\theta \\ \sin\theta\sin\varphi\cos\psi - \cos\varphi\sin\psi & \sin\theta\sin\varphi\sin\psi + \cos\varphi\cos\psi & \sin\varphi\cos\theta \\ \sin\theta\cos\varphi\cos\psi + \sin\varphi\sin\psi & \sin\theta\cos\varphi\sin\psi - \sin\varphi\cos\psi & \cos\varphi\cos\theta \end{bmatrix}$$

$$(3-24)$$

2) 地面坐标系与航迹坐标系

航迹坐标系相对地面坐标系的方位,根据两坐标轴系定义,其中 Oz_k 和 Oz_g 均位于垂直平面内,故只存在两个欧拉角。

①航迹(轨迹)偏角 ψ_a:又称为航向角,即航迹轴 Ox_k 在水平面 Ox_gy_g 上的投影与 Ox_g 轴之间的夹角。规定航迹向右偏转时,ψ_a 为正。

②航迹(轨迹)倾角 θ_a:又称为爬升角,即航迹轴 ox_k 与水平面 Ox_gy_g 之间的夹角。规定航迹向上倾斜时,θ_a 为正。

从图 3-7 可见，角度 ψ_a、θ_a 决定了飞机地速在空间的方向。

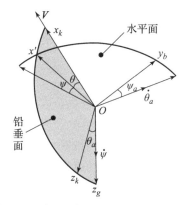

图 3-7 地面坐标系与航迹坐标系的关系

由 $Ox_g y_g z_g$ 到 $Ox_k y_k z_k$ 的转换矩阵可通过 $Ox_g y_g z_g$ 坐标按顺序绕 z_g 轴转过 ψ_a 角，再绕当时的 y 轴（即图中 Oy_k 轴）转过 θ_a 角，就可与 $Ox_k y_k z_k$ 坐标系重合。于是得出的转换矩阵为

$$L_{kg} = L_y(\theta_a) L_z(\psi_a) = \begin{bmatrix} \cos\theta_a\cos\psi_a & \cos\theta_a\sin\psi_a & -\sin\theta_a \\ -\sin\psi_a & \cos\psi_a & 0 \\ \sin\theta_a\cos\psi_a & \sin\theta_a\sin\psi_a & \cos\theta_a \end{bmatrix} \quad (3-25)$$

3）航迹坐标系与气流坐标系

航迹坐标系与气流坐标系间的相互关系，在无风情况下，其 Ox_a 和 Ox_k 是同轴，故只需一个角度即可确定。

速度滚转角 ϕ_a：是飞行器对称平面 $Ox_b z_b$ 与含速度向量 V 的铅垂平面之间的夹角。它是绕速度向量 V 向右滚转形成的，定义为正 ϕ_a。其相应的转换矩阵应为

$$L_{ak} = L_x(\varphi_a) = \begin{bmatrix} 1 & 0 & 0 \\ 0 & \cos\varphi_a & \sin\varphi_a \\ 0 & -\sin\varphi_a & \cos\varphi_a \end{bmatrix} \quad (3-26)$$

显然，有风存在时，Ox_a 和 Ox_k 将不是同轴。

4）地面坐标系与气流坐标系

气流坐标系相对地面坐标系的方位，明显地由三个欧拉角来确定，分别为 ψ_a、θ_a 和 φ_a。其转换矩阵可以通过式（3-24）和式（3-25）导出，也可由式（3-23）直接得出。

$$L_{ag} = L_{ak} L_{kg} = L_x(\varphi_a) L_y(\theta_a) L_z(\psi_a) =$$

$$\begin{bmatrix} \cos\theta_a\cos\psi_a & \cos\theta_a\sin\psi_a & -\sin\theta_a \\ \sin\theta_a\sin\varphi_a\cos\psi_a - \cos\varphi_a\sin\psi_a & \sin\theta_a\sin\varphi_a\sin\psi_a + \cos\varphi_a\cos\psi_a & \sin\varphi_a\cos\theta_a \\ \sin\theta_a\cos\varphi_a\cos\psi_a + \sin\varphi_a\sin\psi_a & \sin\theta_a\cos\varphi_a\sin\psi_a - \sin\varphi_a\cos\psi_a & \cos\varphi_a\cos\theta_a \end{bmatrix}$$

(3-27)

5) 气流坐标系与机体坐标系

气流坐标系与机体坐标系间的相互关系，因其 Oz_a 和 Oz_b 轴同在飞行器纵向对称平面内，故有两个角度可确定其相对位置。

从图 3-8 可见，坐标系 $Ox_by_bz_b$ 通过按顺序先绕 y_b 轴转过 $-\alpha$ 角，再绕当时的 z 轴（即图中 Oz_a 轴）转过 β 角，就可与 $Ox_ay_az_a$ 重合。于是可得相应的转换矩阵为

$$\boldsymbol{L}_{ab} = \boldsymbol{L}_z(\beta)\boldsymbol{L}_y(-\alpha) = \begin{bmatrix} \cos\alpha\cos\beta & \sin\beta & \sin\alpha\cos\beta \\ -\cos\alpha\sin\beta & \cos\beta & -\sin\alpha\sin\beta \\ -\sin\alpha & 0 & \cos\alpha \end{bmatrix} \quad (3-28)$$

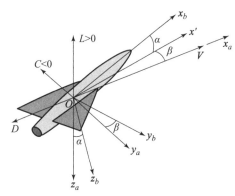

图 3-8 气流坐标系与机体坐标系的关系

3. 角速度方程

飞机所受的力及力矩和飞机的姿态有关，而飞机的姿态通常由三个姿态欧拉角（滚转角、俯仰角和偏航角）来确定。因此，还必须列出飞机姿态角或姿态角变化率与飞机角速度分量（p、q、r）之间关系的角速度方程。

同样，通过坐标轴系之间的转换关系，可以找到绕机体轴的角速度 p、r、q 与飞机姿态角变化率 $\dot{\varphi}$、$\dot{\theta}$、$\dot{\psi}$ 的关系，即角速度方程为

$$\begin{cases} \dot{\varphi} = p + q\sin\varphi \cdot \tan\theta + r\cos\varphi \cdot \tan\theta \\ \dot{\theta} = q\cos\varphi - r\sin\varphi \\ \dot{\psi} = q\sin\varphi\sec\theta + r\cos\varphi\sec\theta \end{cases} \quad (3-29)$$

反之是

$$\begin{cases} p = \dot{\varphi} - \dot{\psi}\sin\theta \\ q = \dot{\theta}\cos\varphi + \dot{\psi}\sin\varphi\cos\theta \\ r = -\dot{\theta}\sin\varphi + \dot{\psi}\cos\varphi\cos\theta \end{cases} \quad (3-30)$$

4. 速度方程

所谓速度方程，是指速度分量的坐标变换关系，为了给出实时地速数据，必须把速度分量 v_{xg}、v_{yg}、v_{zg} 变换成 v_{xb}、v_{yb}、v_{zb}，这就需要用到坐标转换的方向余弦矩阵。

把速度分量由地面坐标系变换到机体坐标系，要利用矩阵 $\boldsymbol{L}_{gb}(\psi\theta\varphi)$：

$$\begin{bmatrix} v_{xb} \\ v_{yb} \\ v_{zb} \end{bmatrix} = \boldsymbol{L}_{bg}(\psi\theta\varphi) \begin{bmatrix} v_{xg} \\ v_{yg} \\ v_{zg} \end{bmatrix}$$

$$= \begin{bmatrix} l_1 & l_2 & l_3 \\ m_1 & m_2 & m_3 \\ n_1 & n_2 & n_3 \end{bmatrix} \cdot \begin{bmatrix} v_{xg} \\ v_{yg} \\ v_{zg} \end{bmatrix}$$

$$\begin{cases} v_{xb} = v_{xg}\cos\theta\cos\psi + v_{yg}\cos\theta\sin\psi - v_{zg}\sin\theta \\ v_{yb} = v_{xg}(\sin\varphi\sin\theta\cos\psi - \cos\varphi\sin\psi) + v_{yg}(\sin\varphi\sin\theta\sin\psi + \\ \qquad \cos\varphi\cos\psi) + v_{zg}\sin\varphi\cos\theta \\ v_{zb} = v_{xg}(\cos\varphi\sin\theta\cos\psi + \sin\varphi\sin\psi) + v_{yg}(\cos\varphi\sin\theta\sin\psi - \\ \qquad \sin\varphi\cos\psi) + v_{zg}\cos\varphi\cos\theta \end{cases} \quad (3-31)$$

飞行系统的数学模型主要是由式（3-3）、式（3-12）、式（3-29）和式（3-31）组成的飞机运动方程，在解算仪表所需的飞行参数时，还需要一些基本关系式。

3.3 发动机推力特性

现代超声速飞机主要采用两种类型的发动机，即涡轮喷气式发动机和涡轮风扇式发动机。现代飞机的动力装置除了发动机外，还包括进气装置和排气装置。动力装置的特性主要与飞机所采用的发动机类型有关。

发动机的推力和耗油率随飞行 M 数、高度和发动机工作状态（即油门位置）的变化规律，统称为发动机特性。其又可分为速度特性、高度特性和节流特性。下面以涡轮喷气式发动机为例，简述发动机特性。

1. 速度特性

在飞行高度、发动机工作状态和调节规律一定的条件下，推力和耗油率随飞行 M 数的变化关系，称为发动机的速度特性。

涡轮喷气式发动机的主要工作状态有地面慢车、飞行慢车、巡航状态、额定状态及最大状态。加力涡轮喷气式发动机还有最小加力、部分加力及全加力状态。图3-9给出 $H=11\text{ km}$、调节规律为"最大状态"（实线）和"全加力状态"（虚线）时，加力涡轮喷气式发动机的典型速度特性（推力和耗油率的变化）。

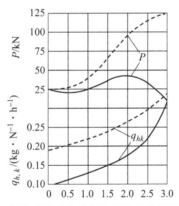

图3-9 涡轮喷气式发动机的速度特性曲线（加力）

发动机在"最大状态"时，推力开始稍有下降（$M=0.3\sim0.5$ 前），之后开始增加，在超声速某一 M 数时（图中为 $M=2.0$）达到最大值，之后又急剧下降。高度一定时，耗油率随 M 数增加而增加，相应于推力为零的 M 数时，耗油率变为无穷大。

发动机接通加力后，推力增加，耗油率也增加，经济性变差。但在很大的 M 数时，当加力状态的发动机推力很快下降时，加力时的发动机推力仍继续增加，其耗油率比不加力时的耗油率高不了多少。

2. 高度特性

发动机的高度特性，是指飞行 M 数和发动机工作状态一定时，推力和耗油率随飞行高度的变化规律。

图3-10给出了"最大状态"时推力和耗油率随高度变化的典型曲线。图

中纵坐标均为推力和耗油率与其在 $H=0$ 时的相应值之比。可以看出，随高度的增加，推力下降很快；耗油率在高度小于 11 km 时随高度增加下降较快，超过 11 km 后耗油率下降很少。发动机在其他工作状态的高度特性，与图 3-12 的趋势相似。

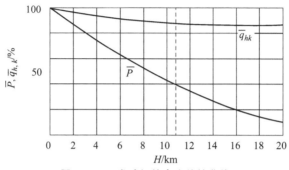

图 3-10 发动机的高度特性曲线

以上分别介绍了发动机的速度特性和高度特性，这只是为了分析的方便。实际上对于发动机而言，各特性不是孤立的，而是密不可分具有内在联系的。因此，常将发动机的速度特性曲线和高度特性曲线绘制在同一张曲线图上，称为速度-高度特性。图 3-11 表示全加力状态下的速度-高度特性。

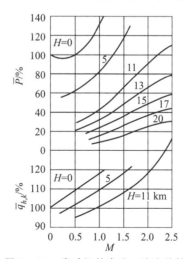

图 3-11 发动机的高度-速度特性

3. 节流特性

发动机的节流特性，是指当高度、速度不变，调节规律一定时，推力和耗油率随发动机工作状态（即油门位置）的变化规律。

节流特性可以表示成随转速 n 的变化形式,也可以表示成常用的耗油率随推力的变化形式(见图3-12)。图3-12中还给出了发动机的主要工作状态:全加力、最小加力、最大、额定、巡航及慢车等状态。该图中转速用最大转速 n_{max} 的百分数表示,即 $\bar{n} = n/n_{max}$。

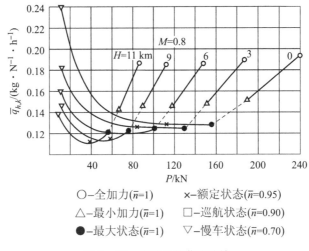

○ — 全加力($\bar{n}=1$)   × — 额定状态($\bar{n}=0.95$)
△ — 最小加力($\bar{n}=1$)   □ — 巡航状态($\bar{n}=0.90$)
● — 最大状态($\bar{n}=1$)   ▽ — 慢车状态($\bar{n}=0.70$)

图 3-12 发动机的节流特性

由图3-12可以看出,加力状态的耗油率很高。如果考虑到加力时推力也很大,则小时耗油量 $q_h(q_h = q_{h,k}P)$ 和公里耗油量 $q_{km}(q_{km} = q_{h,k}P/v)$ 会很大,一般是巡航状态的3~4倍。当工作状态转换到部分加力状态时,由于供油减少,耗油率下降很快。当从最小加力状态转换到最大状态时,推力和耗油率都有突降。当油门收到最大状态位置以下时,耗油率继续减小,并在巡航状态时达到最小值。当从巡航状态继续减到慢车状态时,由于推力急剧下降,致使耗油率剧增。

4. 发动机推力和耗油率的修正

前面介绍的是发动机的单台特性,又称台架特性。当发动机安装到飞机上后,动力装置的工作特性与单台特性有所不同,其主要原因是受进气、排气装置及飞机外形的影响。所以在飞行性能计算时,需要对台架特性的推力进行推力损失的修正,换算成动力装置的可用推力(见图3-13)。同样,对耗油率也需进行修正。修正时需考虑进气装置和排气装置的形式以及飞行状态等因素,得出修正系数。这些因素的影响较复杂,这里不再详细讨论。

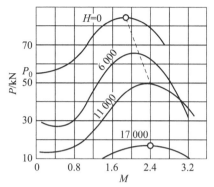

图 3-13 不同高度的可用推力曲线

3.4 飞机的基本飞行性能

飞机在铅垂面内的定常直线飞行,是常见的运动形式之一。定常运动是指飞机的运动参数不随时间改变的运动。严格来讲,定常运动是不存在的,因为即使飞行速度保持不变,但随着燃油的消耗,飞机质量也在不断减小,因而迎角也要变化。可是,如果飞机运动参数随时间变化十分缓慢,则至少在一段时间内可近似认为运动参数不变,这就是通常所说的"准定常运动"。飞机的基本飞行性能就是飞机在定常运动和准定常运动时的运动特性,它是研究飞机飞行性能的一个重要方面。

飞机在铅垂面内的定常直线飞行(简称定直飞行)有三种情况(见图 3-14):定直上升($\theta > 0°$,θ 为航迹角)、定直平飞($\theta = 0°$)和定直下滑($\theta < 0°$)。这三种典型定直运动的飞行性能分别称为上升性能、平飞性能和下滑性能。

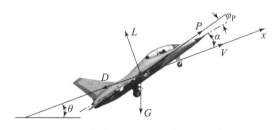

图 3-14 定直飞行时作用在飞机上的外力

3.4.1 飞机的平飞需用推力

保持飞机定直平飞的条件是：动力装置提供的推力等于飞机的迎面阻力，飞机的升力等于飞机的重力。假设发动机安装角 φ_p 及迎角 α 都很小，则有

$$P = D = C_D \frac{1}{2}\rho v^2 S$$

$$G = L = C_L \frac{1}{2}\rho v^2 S$$

这就是飞机定直平飞的条件。由此条件可以看出，在一定的迎角、一定的飞行高度上，欲使 $L = G$ 条件满足，飞机必须具备一定的飞行速度；飞机在这一飞行状态下所遇到的阻力 D 需由动力装置的可用推力来平衡。飞机在一定高度和速度下进行定直平飞所需的发动机推力，称为平飞需用推力，用 $P_{平需}$ 表示，如图 3-15 所示。

由于

$$\begin{cases} P_{平需} = D = C_D \dfrac{1}{2}\rho v^2 S \\ K = \dfrac{L}{D} = \dfrac{G}{P_{平需}} \end{cases} \qquad (3-32)$$

式中，K 为升阻比，则有

$$P_{平需} = \frac{G}{K} \qquad (3-33)$$

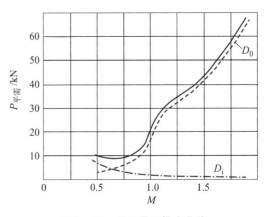

图 3-15 平飞需用推力曲线

3.4.2 飞机的定直平飞性能

飞机定直平飞性能主要有两个指标：最大平飞速度 v_{max}（或 M_{max}）和最小平飞速度 v_{min}（或 M_{min}）。

1. 最大平飞速度 v_{max}（或 M_{max}）

最大平飞速度是指飞机在一定高度上能做定直平飞的最大速度。显然，最大平飞速度可由推力曲线图上同一高度的可用推力曲线与平飞需用推力曲线的右交点确定。由于此时的 $P_{平需} = P_{可用}$，$L = G$，也可用公式表示：

$$v_{max} = \sqrt{\frac{2P_{可用}}{C_D \rho S}} \quad (3-34)$$

从推力曲线图上可找出各飞行高度上的最大平飞速度 v_{max} 或 M_{max}，称为最大平飞速度线。

2. 最小平飞速度 v_{min}（或 M_{min}）

最小平飞速度是指在一定高度上飞机能做定直平飞的最小速度。原则上讲，当 $C_L = C_{Lmax}$ 时，飞机可获得最小平飞速度。但为了保证安全，常取安全/允许升力系数作为计算 v_{min} 的依据。

$$C_{L安全} = (0.7 \sim 0.9) C_{Lmax} \quad (3-35)$$

由定直平飞条件 $L = G$ 可得

$$v_{min} = \sqrt{\frac{2G}{\rho S C_{L安全}}} \quad (3-36)$$

随着飞行高度的增加，ρ 将减小，故最小平飞速度也随之增加。

3.4.3 飞机定直上升性能

表征飞机定直上升性能的指标主要有上升率（爬升率）$\dot{h}$、最大上升率 $\dot{h}_{max}$、上升航迹角 θ、最大上升航迹角 θ_{max}、静升限 H_{max} 等。

1. 定直上升航迹角 θ 的确定

由图 3-14 可以列出定直上升的方程为

$$P = D + G\sin\theta$$
$$L = G\cos\theta$$

所以

$$\sin\theta = \frac{P-D}{G} = \frac{\Delta P}{G} \qquad (3-37)$$

式中，$\Delta P = P - D = P_{可用} - P_{平需}$ 为剩余推力，即可用推力克服掉飞机阻力后剩余的部分。上升性能的分析和确定，主要是计算剩余推力 ΔP 以及 ΔP 随 H 及 v 的变化。

由式（3-37）可得航迹角 θ 为

$$\theta = \arcsin\frac{\Delta P}{G} \qquad (3-38)$$

最大航迹角 θ_{max} 为

$$\theta_{max} = \arcsin\frac{\Delta P_{max}}{G} \qquad (3-39)$$

飞机以 θ_{max} 上升时航迹最陡，剩余推力最大，此时的航迹速度 v 称为最陡上升速度，用 $v_{陡升}$ 或 v_θ 表示。一般 ΔP_{max} 出现在 $P_{平需min}$ 附近，故 $v_{陡升}$ 与对应阻力最小的有利速度 $v_{有利}$ 接近。

2. 定直上升率 $\dot{h}$ 的确定

飞机的上升率 $\dot{h}$，是指飞行速度 v 的铅垂分量，并规定向上为正。由图 3-16 可知

$$\dot{h} = v \cdot \sin\theta \qquad (3-40)$$

$\dot{h}$ 实际上表示单位时间内飞机上升的几何高度，故又称为几何上升率。由式（3-39）可得几何上升率为

$$\dot{h} = \frac{\Delta P v}{G} \qquad (3-41)$$

最大上升率 $\dot{h}_{max}$ 为

$$\dot{h}_{max} = \frac{(\Delta P v)_{max}}{G} \qquad (3-42)$$

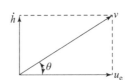

图 3-16 上升率与水平分速

3. 飞机静升限 H_{max} 的确定

飞机静升限是指飞机能做定直平飞的最大高度。

飞机上升时，随着飞行高度的增加，推力曲线图上的可用推力曲线逐渐向

下移动；而平飞需用推力曲线逐渐向右移动并越来越平缓。当上升到某一极限高度时，可用推力曲线与平飞需用推力曲线恰好相切于某一点，此时飞机仅能以切点处对应的唯一速度做定直平飞，不论大于或小于这一速度，由于 $P_{可用} < P_{平需}$，飞机都不能再做定直平飞。这个极限高度就是静升限 H_{max}。在静升限 H_{max} 中，飞机仅能做定直平飞，$\Delta P = 0$，因而 $\dot{h}_{max} = 0$。但是应看到，H_{max} 也只有理论上的意义。这是因为随着 H 的增加，$\dot{h}$ 在下降，所以爬升到 H_{max} 所需时间将趋于无限大；另外，由于在 H_{max} 高度上 $\Delta P = 0$，飞机稍受干扰或操纵不慎，就有可能降低高度。所以 H_{max} 又称为理论静升限。

由于上述原因，实际使用中飞机不得不在稍低于理论静升限的高度上飞行，以使飞机具有一定的推力储备和良好的操纵性。高机动性飞机规定与 $\dot{h}_{max} = 5 \text{ m/s}$ 相对应，低亚声速飞机规定与 $\dot{h}_{max} = 0.5 \text{ m/s}$ 相对应的可实际使用的高度为最大高度，称为实用升限，以 $H_{max实}$ 表示。

3.4.4 飞行包线

基本飞行性能计算出来后，可以在 $H-v$ 平面上画出定常飞行的高度-速度范围，即飞行包线。图 3-17 所示为一架超声速飞机的飞行包线。

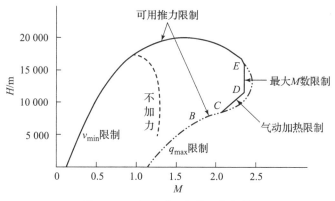

图 3-17 超声速飞机的飞行包线

飞行包线除受到 $P_{可用} \geqslant P_{平需}$，$L \geqslant G$ 限制外，还受以下限制。

（1）结构强度/最大动压限制

为了保证飞机结构不致因过大的气动载荷而破坏，就必须限制它的最大动压 q_{max}，而 $q_{max} = \frac{1}{2}\rho v_{max}^2$，所以

$$M_q = \frac{v_{max}}{a} = \frac{1}{a}\sqrt{\frac{2q_{max}}{\rho}} \quad (3-43)$$

由于高度增大时，空气密度 ρ 下降，M 增大，所以 q_{max} 限制只对低空有影响。

（2）气动加热的限制

对于超声速飞机，飞行 M 数越大，飞机表面由于超声速激波的气动加热引起的温度上升越高。对合金结构的飞机而言，$M \geqslant 2$ 时就必须考虑气动加热的影响。同上，气动加热的限制也随高度增加而放宽。

（3）操纵稳定性限制（最大 M 数限制）

飞机由于气动布局的原因，当飞行 M 数大到一定程度时，会出现操纵、稳定性严重恶化的现象（如航向稳定性不足），所以也要对最大 M 数加以限制。

由于以上限制，飞机的最大速度就比它可能达到的要小。

3.5 飞机的机动飞行性能

上一节讨论了飞机定常或准定常飞行性能的计算，本节将讨论飞机的运动参数随时间变化的非定常运动，主要是机动飞行性能。机动飞行性能通常是表征飞机改变其原有飞行状态的能力。

3.5.1 飞机的机动性与过载

1. 飞机的机动性

飞机的机动性是指飞机改变飞行速度、高度及飞行方向的能力。飞行速度、高度和方向改变得越快，飞机的机动性就越好。在夺取空战优势时，飞机的机动性起着相当重要的作用，所以机动性是飞机的重要战术性能指标之一。一般常用过载来评定飞机的机动性。

2. 过载

飞机所受除重力之外的外力总和（向量和）与飞机重力之比，称为过载系数，简称过载，用 n 表示。过载 n 为一向量，其方向与除重力之外的外力的合力方向一致，其大小代表该合力与飞机重力之比，即飞机重力的倍数。

过载 n 沿飞机主轴的三个分量为 n_x、n_y、n_z，即

$$n = n_x\boldsymbol{i} + n_y\boldsymbol{j} + n_z\boldsymbol{k} \qquad (3-44)$$

式中，i，j，k 分别为沿飞机主轴方向的单位向量。除重力之外的总外力的 z 向分量（可近似认为就是升力 L）与飞机重力 G 之比就是 z 向过载系数 n_z，即

$$n_z = \frac{L}{G} \qquad (3-45)$$

n_z 可正可负，取决于该方向的外力情况，当它与坐标轴正向一致时为正，反之为负。例如，飞机在定直平飞情况下，$n_z = 1$。如飞机做等速直线倒飞，则 $n_z = -1$。由于 z 向过载作用在飞机结构高度最小的方向上，所以除一些特殊情况外，一般只考虑 n_z 而不考虑 n_x 和 n_y。

飞机在铅垂平面内的典型机动动作有平飞加速和减速、跃升、俯冲和筋斗（见图 3-18），在水平面内的典型机动动作有盘旋（见图 3-19）。下面分别讨论。

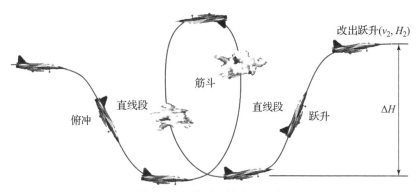

图 3-18 俯冲、筋斗和跃升

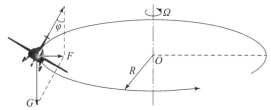

图 3-19 盘旋飞行时作用在飞机上的力

3.5.2 平飞加速和减速性能

平飞加/减速性能反映飞机改变速度的能力。平飞时增加或减小一定速度所需的时间越短，则平飞加/减速性能越好。设 a 为飞机的平飞加（减）速度，则 $a = \dfrac{\mathrm{d}v}{\mathrm{d}t}$。令 $\theta = 0$，$\mathrm{d}\theta/\mathrm{d}t = 0$，则平飞加/减速时，有

$$\begin{cases} L = G \\ \dfrac{G}{g}a = P - D \end{cases} \quad (3-46)$$

由此可得

$$a = \frac{dv}{dt} = \frac{P-D}{G}g = \frac{\Delta P}{G}g \quad (3-47)$$

所以 ΔP 越大，G 越小，飞机的加速度越大。

由式（3-46）和式（3-47）可以看出，要使飞机平飞加速，驾驶员应尽量加大油门，使 $\Delta P > 0$，同时操纵驾驶杆，使 $L = G$ 随时得到满足；反之，欲使飞机平飞减速，驾驶员应尽量收小油门，使 $\Delta P < 0$，同时保持 $L = G$。

由式（3-47）可得

$$dt = \frac{G}{g(P-D)}dv$$

所以，从速度 v_1 改变至 v_2 的时间为

$$t = \int_{v_1}^{v_2} \frac{G}{g(P-D)}dv \quad (3-48)$$

又因

$$ds = vdt = v\frac{G}{g(P-D)}dv$$

所以从 v_1 改变速度至 v_2 的飞行距离为

$$s = \int_{v_1}^{v_2} \frac{Gv}{g(P-D)}dv \quad (3-49)$$

3.5.3 跃升性能和动升限

跃升是将飞机的动能转变成势能，迅速取得高度优势的一种机动飞行。跃升性能的好坏，由跃升增加的高度 ΔH（见图 3-18）及所需时间来衡量。

设飞机在 H_1 高度上以速度 v_1 平飞，驾驶员拉杆后，飞机进入跃升，然后推杆改出，到另一高度 H_2 以速度 v_2 平飞（见图 3-18）。假定在跃升过程中 $P \approx D$，即 $\Delta P = P - D \approx 0$，所以 ΔP 在跃升过程中做功为零。升力 L 始终与航迹垂直，也不做功。因此跃升过程中只有重力做功。如果进入跃升及改出跃升的飞机的动能与势能之和（总能量）分别为 E_1 和 E_2，则

$$E_1 = mgH_1 + \frac{1}{2}mv_1^2 = \left(H_1 + \frac{v_1^2}{2g}\right)G \quad (3-50)$$

$$E_2 = mgH_2 + \frac{1}{2}mv_2^2 = \left(H_2 + \frac{v_2^2}{2g}\right)G \quad (3-51)$$

根据能量守恒，有 $E_1 = E_2$，所以

$$\Delta H = H_2 - H_1 = \frac{1}{2g}(v_1^2 - v_2^2) \tag{3-52}$$

由式（3-49）可知，进入跃升速度 v_1 越大，改出跃升高度上的速度 v_2 越小，则跃升的高度增量 ΔH 越大。但 v_1 受 H_1 高度上最大平飞速度 $v_{\max}$ 的限制，v_2 受 H_2 高度上最小平飞速度 $v_{\min}$ 的限制。因此，飞机从 H_1 高度开始跃升所能达到的最大高度为

$$H_{2\max} = H_1 + \frac{v_{1\max}^2}{2g} - \frac{v_{2\min}^2}{2g} = \frac{E_1}{G} - \frac{v_{2\min}^2}{2g} \tag{3-53}$$

由于 $v_{2\min}$ 取决于 H_2 高度上的 ρ 及 $C_{L允许}$，而 $C_{L允许}$ 又与 $v_{2\min}$ 有关，因此计算 $H_{2\max}$ 需用迭代法。

在理论升限 $H_{\max}$ 高度上，$P - D = 0$，所以有 $v_y = 0$，$a = 0$，飞机只能保持定直平飞。但对于超声速飞机而言，在 $H_{\max}$ 处 $v \gg v_{\min}$，因此可以通过跃升增加高度。通过跃升可达到的最大高度称为动升限 $H_{\max动}$。

3.5.4 俯冲性能

俯冲是飞机用势能换取动能，迅速降低高度并增加速度的非定常运动。俯冲按航迹可分为三段：进入俯冲段、直线俯冲段和改出俯冲段（见图 3-18）。

可以证明，直线俯冲段并不是可以一直加速，而是有一俯冲极限速度 $v_{极限}$：

$$v_{极限} = \sqrt{\frac{2(P - G\sin\theta)}{C_D \rho S}} \tag{3-54}$$

式中，θ 为直线俯冲航迹与地面的夹角（$\theta < 0$）。

飞机在改出俯冲时，高度损失（即改出俯冲过程所需高度）ΔH 为

$$\Delta H = \frac{v_1^2}{2g}\left(\frac{n_z - \cos\theta_1}{n_z - 1} - 1\right) \tag{3-55}$$

式中，v_1 和 θ_1 分别为改出俯冲开始时的速度及航迹倾角；n_z 为改出俯冲的过载。

3.5.5 盘旋性能

盘旋是飞机在水平面内连续改变飞行方向而高度不变的一种曲线运动。盘旋中，如果飞机的飞行速度、迎角、倾角、侧滑角均保持不变，则称为定常盘旋。不带侧滑的定常盘旋称为正常盘旋。正常盘旋的盘旋半径和盘旋一周的时间是衡量飞机方向机动能力的主要指标。盘旋半径越小，盘旋一周的时间越

短，飞机的方向机动性越好。

由图 3-19，可写出正常盘旋应满足的方程：

$$\begin{cases} P = D \\ L\cos\varphi = G \\ m\dfrac{v^2}{R} = L\sin\varphi \end{cases} \quad (3-56)$$

式中，φ 为盘旋角；v 为盘旋速率；R 为盘旋半径。

式（3-56）中第一个式子保证 v 不变，第二个式子保证盘旋高度不变。至于升力的水平分量 $L\sin\varphi$，就是使飞机产生水平曲线运动的向心力。由此可得

$$n_z = \frac{1}{\cos\varphi} \quad (3-57)$$

$$R = \frac{G}{g}\frac{v^2}{L\sin\varphi} = \frac{1}{g}\frac{v^2}{\sqrt{n_z^2-1}} = \frac{v^2}{g\tan\varphi} \quad (3-58)$$

$$T = \frac{2\pi R}{v} = \frac{2\pi v}{g\sqrt{n_z^2-1}} \quad (3-59)$$

式中，T 为盘旋一周所需时间。

显然，n_z 越大，R 和 T 越小，盘旋性能越好。但 n_z 受结构强度和人的生理条件限制，所 n_z 不能太大，也即 φ 不能太大。目前，飞机的最大盘旋角 φ_{max} = 75°~87°。此外，v 也不能太大，但也不能太小。

3.6 飞机的起飞和着陆性能

飞机的每次飞行，总是从起飞开始，以着陆结束，起飞和着陆是实现一次完整飞行不可缺少的两个重要环节。因此，飞机除应具有良好的空中飞行性能外，还必须具有良好的起飞和着陆性能。本节重点阐明起飞和着陆过程及其性能指标，并简要介绍影响起飞与着陆性能的因素。

3.6.1 起飞性能

1. 飞机的起飞过程

飞机的起飞过程包括地面加速滑跑阶段和加速上升到安全高度阶段，如图 3-20 所示。

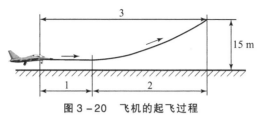

图 3-20 飞机的起飞过程

1—起飞滑跑；2—加速爬升；3—起飞距离

起飞时飞机停在起飞线上，驾驶员踩住刹车加大油门到最大转速状态后，松开刹车让飞机加速滑跑。当加速到相当速度时，驾驶员向后拉驾驶杆抬起前轮，以主轮着地的两点滑跑姿态继续加速前进，最后到升力等于重力时飞机就能离开地面。此时所对应的速度称为离地速度，以 $v_{离地}$ 表示。由于喷气式飞机的剩余推力 ΔP 较大，因此在离地后可以立即转入加速上升阶段。为了减小阻力，离地不久（约 10 m）就可收起起落架。当飞机上升到 15 m 的安全高度后（不同国家规定的安全高度值不一样），加速上升阶段就告结束。

2. 飞机的起飞性能计算

1）起飞滑跑的距离和时间

在地面加速滑跑过程中，飞机先是三点滑跑，至 $(0.60 \sim 0.75) v_{离地}$ 时抬起前轮，改成两点滑跑，一直到离地为止。

起飞滑跑时作用在飞机上的力除推力 P、重力 G、升力 L 和阻力 D 外，还有地面垂直反力 N 及机轮和地面之间的摩擦力 $F = f \cdot N$。

在计算时，假设发动机推力 P 与地面平行，按此可写出飞机的运动方程

$$\begin{cases} \dfrac{G}{g}\dfrac{\mathrm{d}v}{\mathrm{d}t} = P - D - F \\ L + N = G \end{cases} \quad (3-60)$$

将 $F = f \cdot N$ 代入式（3-60），整理后可得

$$\frac{G}{g}\frac{\mathrm{d}v}{\mathrm{d}t} = P - C_D \frac{1}{2}\rho v^2 S - f\left(G - C_L \frac{1}{2}\rho v^2 S\right) \quad (3-61)$$

由此，可得地面加速滑跑（起飞滑跑）段的时间为

$$T_1 = \int_0^{V_{离地}} \frac{G}{g} \frac{\mathrm{d}v}{P - fG - \frac{1}{2}\rho v^2 S(C_D - fC_L)} \quad (3-62)$$

又由于 $\mathrm{d}s = v \cdot \mathrm{d}t$，可得起飞滑跑距离为

$$s_1 = \int_0^{v_{离地}} \frac{G}{g} \frac{v\mathrm{d}v}{P - fG - \frac{1}{2}\rho v^2 S(C_D - fC_L)} \quad (3-63)$$

计算式（3-63）一般用数值积分。地面滚动摩擦系数 f 由表 3-1 取平均值。由离地时的升力与重力平衡条件可得飞机的离地速度为

$$v_{离地} = \sqrt{\frac{2G}{\rho S C_{L离地}}} \qquad (3-64)$$

式中，$C_{L离地}$ 为离地时飞机升力系数，其主要受护尾迎角的限制。起飞时由于希望阻力尽可能小，一般襟翼放下的角度较小，所以 $C_{L离地}$ 较小。

表 3-1 地面摩擦系数 f 的平均值

表面状况	滚动摩擦系数	完全刹车时 f 取值
干水泥跑道	0.03	0.5
湿水泥跑道	0.05	0.3
干硬土草地	0.07	0.4
湿草地	0.11	0.2
冰草地	0.02	0.08

2）加速上升段的距离和时间

飞机离地后按某一倾斜航迹（航迹角为 θ）做加速上升运动，其运动方程为

$$\begin{cases} \dfrac{G}{g} \dfrac{\mathrm{d}v}{\mathrm{d}t} = P - D - G\sin\theta \\ L = G\cos\theta \end{cases} \qquad (3-65)$$

由此可以求出加速上升段的时间和距离为

$$T_2 = \int_{V_{离地}}^{V_{上升}} \frac{G}{g} \frac{\mathrm{d}v}{P - D - G\sin\theta} \qquad (3-66)$$

$$s_2 = \int_{V_{离地}}^{V_{上升}} \frac{G}{g} \frac{v\mathrm{d}v}{P - D - G\sin\theta} \qquad (3-67)$$

总的起飞时间和距离为

$$T_{起飞} = T_1 + T_2 \qquad (3-68)$$

$$s_{起飞} = s_1 + s_2 \qquad (3-69)$$

3.6.2 着陆性能

1. 飞机的着陆过程

飞机从着陆安全高度处下滑过渡到地面滑跑,直至完全停止的整个减速运动过程,称为着陆。如图3-21所示,着陆也分为两个阶段,即下滑减速阶段(空中段)和着陆滑跑阶段(地面段)。

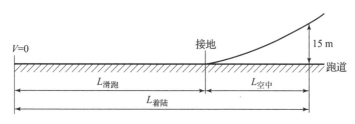

图3-21 飞机的着陆过程

下滑减速段,是飞机从跑道头上空规定的着陆安全高度开始拉平、减速接地的过程。飞机通过跑道头上空开始拉平的速度,称为进场速度,以$V_{进场}$表示;飞机主轮接触地面的瞬时速度,称为接地速度,以$V_{接地}$表示。

着陆滑跑段,是飞机从接地到减速完全停止的过程。飞机接地后,开始保持两点滑跑,以充分利用空气阻力使飞机减速,当速度减到一定程度时,飞机前轮下沉接地,进行三点滑跑并开始使用刹车,到飞机完全停止运动,着陆即告结束。

飞机从着陆安全高度拉平开始,接地、滑跑直到完全停止所经过的距离,叫着陆距离,以$L_{着陆}$表示。其中飞机从着陆接地开始,滑跑减速直到完全停止所经过的距离叫着陆滑跑距离,以$L_{着滑}$表示。从跑道头拉平到接地所经过的水平距离叫下滑前进距离,以$L_{下滑}$表示。由图3-21可知,着陆距离等于着陆滑跑距离与下滑前进距离之和,即

$$L_{着陆} = L_{着滑} + L_{下滑} \qquad (3-70)$$

2. 着陆滑跑距离的计算

1)着陆滑跑的运动过程

着陆滑跑过程中,作用于飞机上的力如图3-22所示,包括沿运动方向的作用力和垂直运动方向的作用力。

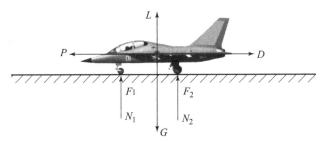

图 3-22　着陆滑跑时作用在飞机上的作用力

（1）沿运动方向的作用力

沿运动方向的作用力包括：阻力 D，摩擦力 $F = F_1 + F_2$，发动机慢车时产生的推力 $P_{慢}$。

（2）垂直运动方向的作用力

垂直运动方向的作用力包括：升力 L，地面对机轮的反作用力 $N = N_1 + N_2$，重力 G。

着陆滑跑是减速运动，因此其运动方程为

$$\begin{cases} \dfrac{G}{g}a = -\left[(D+F) - P_{慢}\right] \\ N = G - L \end{cases} \quad (3-71)$$

式（3-71）中发动机慢车时产生的推力 $P_{慢}$ 在滑跑过程中基本不变。减速力等于空气阻力 D 和地面摩擦力 F 之和。空气阻力 D 和地面摩擦力 F 在着陆滑跑过程中是不断变化的，在接地滑跑的初始阶段，由于滑跑速度大，产生的空气阻力和升力较大，而升力平衡了大部分飞机重力。因此机轮对地面的正压力不大，摩擦力也较小，这时作用力也不断减小，机轮对地面的正压力逐渐增大，摩擦力也逐渐增大，成为减速力的主要成分。从上面的分析可以看出，形成减速力的空气阻力和地面摩擦力在着陆滑跑过程中，随滑跑速度的变化具有相反的变化规律。着陆滑跑过程既然为减速过程，则其加速度 a 为负值，即负加速度。由式（3-71）可知

$$a = -g\left(\dfrac{D+F}{G} - \dfrac{P_{慢}}{G}\right) \quad (3-72)$$

2）着陆滑跑的距离

着陆滑跑过程中，推力和减速力 $(D+F)$ 近似不变，因此负加速度可视为常值。根据等加速度运动公式，可知

$$s_{着陆} = -\dfrac{v_{接地}^2}{2a} \quad (3-73)$$

式中，a 为减速度。将式（3-72）代入式（3-73），即可得出着陆滑跑距离

计算公式：

$$s_{着滑} = \frac{v_{接地}^2}{2g\left(\dfrac{D+F}{G} - \dfrac{P_{慢}}{G}\right)} \quad (3-74)$$

通常，在主轮接触地面的瞬间，升力要略小于重力，因此接地速度可按下式计算：

$$v_{接地} = 0.95\sqrt{\frac{2G}{C_{L接地}\rho S}} \quad (3-75)$$

式中，$C_{L接地}$ 为接地时的升力系数。

3.6.3 缩短起飞着陆滑跑距离的措施

通过以上分析，我们可以采用各种方法缩短飞机的起飞和着陆滑跑距离。在现代飞机上经常采用的措施有以下几种：

（1）增升装置

在机翼上装置各种型式的襟翼，在起飞着陆时放下以增加飞机的升力系数，使起飞离地速度和着陆接地速度减小，以改善起降性能是最常用的设计措施。

（2）增大推重比

增大发动机的推力，使起飞的加速度增大，飞机可以很快地增速到离地速度，缩短起飞滑跑距离。现代喷气式发动机上常装置加力燃烧室，在起飞时增大推力，使起飞滑跑距离缩短。

（3）增阻装置及刹车

飞机在着陆滑跑时增加阻力可用阻力伞或减速伞。飞机着陆接地后放出阻力伞，利用伞的空气阻力使飞机减速。着陆滑跑初期滑跑速度较大，伞的阻力也大。速度降低后伞的阻力减小。速度减小后应把伞抛掉。阻力伞是增阻装置的一种形式，其他还有减速板等。着陆滑跑时可以使用机轮刹车增大摩擦力。用增阻装置和刹车使 $(D+F)$ 值大大增加，因而使着陆滑跑距离缩短。

习　题

1. 若飞机在一定高度上等速直线平飞的速度增加一倍，试说明零升阻力和升致阻力如何变化。

2. 试证明以平飞有利速度飞行时，零升阻力与升致阻力相等。

3. 某飞机质量为 5 100 kg，在某一飞行状态下的可用推力为 25 000 N，升阻比为 6。试问在该飞行状态飞机能否做等速平飞？若不能做等速平飞，可能以多大上升角做等速直线上升？若做平飞加速运动，加速度有多大？

4. 某飞机质量为 7 500 kg，以可用推力 15 000 N 等速上升，若升阻比为 7，试求当时的上升航迹倾斜角。若该机抛掉副油箱后质量减小到 7 000 kg，升阻比增加到 8，并仍以原来的油门状态上升，问航迹倾斜角发生了多大变化？

5. 什么叫起飞滑跑距离、起飞距离和所需起飞距离？

6. 试写出起飞离地速度的计算公式，并说明各项的意义。

7. 什么叫着陆距离、着陆滑跑距离和所需着陆距离？

8. 某飞机起飞重力 $G = 93\ 100$ N，机翼面积 $S = 28.5\ m^2$，$C_L = 0.802$，在海平面机场标准大气条件下起飞，求该机的离地速度。

9. 写出平飞加、减速度公式，并分析其影响因素。

10. 某飞机质量为 5 000 kg，机翼面积为 25 m^2，在 1 000 m 高度上，以 $n_z = 3$，$C_L = 0.266$ 稳定盘旋，求其盘旋速度和盘旋半径，以及滚转角、盘旋周期。

第 4 章
飞机的平稳操性能

飞机的平稳操性能就是指飞机的平衡性能、稳定性能和操纵性能。对于稳定性能和操纵性能来讲,又分为动稳定性和静稳定性以及动操纵性和静操纵性。本章主要讨论飞机的静稳定性和静操纵性,简要介绍动操纵性。在分析这些性能时分为纵向和侧向两个部分讨论。

4.1 飞机的纵向平衡性能

飞机的平衡就是作用于飞机上的力和力矩的平衡,即其合力与合力矩均为零,飞机处于等速直线运动状态。而所谓平衡性能,则是指在一定条件下(即飞机不经飞行员操纵;不受扰动;调整片或调整片效应机构中立;杆、舵处于自由状态等),飞机保持预定的无坡度、无侧滑的等速直线运动的能力。如果在该条件下飞机的力和力矩平衡,飞机将保持预定的无坡度、无侧滑等速直线运动,则飞机具有良好的平衡性能;而当力和力矩的平衡遭到破坏时,飞机就会产生坡度、侧滑以及平衡速度不符合规定等现象,此时,飞机的平衡性能就遭到破坏。

飞机的平衡与作用在飞机上的各力矩密切相关,而各力矩的大小又与飞机的重心位置和焦点位置有密切关系,所以本节首先讨论有关重心和焦点的概念。

4.1.1 飞机的重心和焦点

1. 飞机的重心

重力是地球对物体的吸引力。飞机各部分重力的合力,叫作飞机的重力。飞机重力的着力点,叫作飞机的重心。重心位置常用重心到某一特定翼弦前端的距离占该翼弦的百分比表示。对矩形机翼，由于机翼各翼型的弦长相同，前后位置也相同，所以任一条翼弦均可作为表示重心位置的基准。但对梯形翼、后掠翼、三角翼或不规则平面形状的飞机而言，就比较复杂了。因为沿翼展方向，各翼弦前端的位置前后各不相同，翼弦长度也不一样，所以有必要选择一特定的翼弦，作为表示重心位置的基准。这一特定的翼弦，就是平均空气动力弦（c_A）。

已知平均空气动力弦的位置和长度就可定出飞机重心位置。为此，将重心投影到平均空气动力弦上，以其投影点到平均空气动力弦前端的距离（x_G）占平均空气动力弦（c_A）的百分比（$\bar{x}_G$）表示重心前后位置（图4-1），即

$$\bar{x}_G = \frac{x_G}{c_A} \times 100\% \quad (4-1)$$

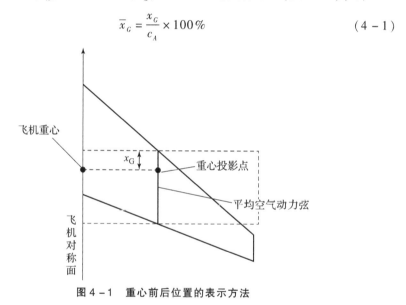

图 4-1　重心前后位置的表示方法

2. 重心位置的变化

飞机的重心位置取决于飞机重力的分布情况，当重力分布情况发生变化时，重心位置就要发生移动。例如，在飞行中随着燃油的消耗，货物、人员的空投空降，其重心位置就要发生移动。其移动规律是：重心总是向加载的方向移动，或者是向减载的反方向移动。例如，若距原重心 X 远处增加重力 ΔG，则新重心向增加重力的方向移动。设移动距离为 Δx_G，则

$$\begin{cases} \Delta G \cdot (X \pm \Delta x_G) = G \cdot \Delta x_G \\ \Delta x_G = \dfrac{\Delta G \cdot X}{G \pm \Delta G} \end{cases} \quad (4-2)$$

以占平均空气动力弦的百分数来表示，则

$$\Delta \bar{x}_G = \frac{\Delta G \cdot X}{(G \pm \Delta G) \cdot c_A} \times 100\% \qquad (4-3)$$

式中，G 为飞机原来的重力；ΔG 为装载增减的重力，增加重力用"－"符号，减少重力用"＋"符号；X 为增减重力的位置到原来飞机重心的距离（m）；c_A 为平均空气动力弦长（m）。

3. 飞机的焦点

在计算飞机的力矩时，力臂是产生升力部件的压力中心到飞机重心之间的距离。但是由于迎角改变时，升力的作用点要移动，在计算力矩时很不方便，为解决这一问题需要引进焦点的概念。

1）机翼的焦点

当机翼的迎角改变时，机翼的升力也要变化，假定机翼原来的升力为 L_0，迎角改变后的升力为 L，则升力的变化量（ΔL）为两者之差，即 $\Delta L = L - L_0$。通常把因迎角变化而引起的升力变化量（ΔL）叫作附加升力。

机翼附加升力的着力点叫作机翼的焦点。实验表明，在小于临界迎角范围内，不论迎角如何变化，机翼的焦点位置基本不变。对称翼型的机翼，迎角为零时，升力也为零。当迎角增大时产生了升力，其作用点既是压力中心，又是附加升力的着力点，即焦点。

机翼焦点位置的表示方法同重心位置的表示方法一样，也是用在平均空气动力弦上的相对位置来表示。若焦点到平均空气动力弦前端的距离为 x_F，则焦点位置（$\bar{x}_F$）可表示如下（图4-2）：

$$\bar{x}_F = \frac{x_F}{c_A} \times 100\% \qquad (4-4)$$

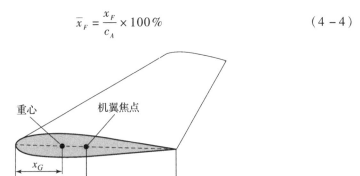

图4-2 焦点位置的表示方法

2）飞机的焦点

当迎角改变时，不仅机翼会产生附加升力，而且尾翼、机身也要产生附加升力。机翼、尾翼和机身的附加升力的总和,就是飞机的总附加升力。飞机总附加升力的着力点,就是飞机的焦点。飞机的焦点也落在平均空气动力弦上,位于机翼焦点之后。

4. 飞机焦点位置随 M 数的变化

当飞行 M 数较大时,空气压缩性影响增大,飞机焦点位置将随之改变,如图4-3所示。从图中可以看出,在亚声速阶段,焦点位置靠前,并且不随 M 数变化而变化。飞机焦点位置的上述变化,主要是由机翼焦点位置移动引起的。亚声速飞行中,飞机迎角增大引起机翼升力增大的地方,主要位于机翼前部,因此焦点比较靠前。而且由于流线谱基本不变,因而升力增量作用点——焦点位置也就基本不变。跨声速阶段飞行中,机翼表面出现了局部激波和局部超声速区,迎角增大时,机翼上表面的流速加快,从机翼前缘直到尾部激波前的局部超声速区内,吸力都有明显的增大,而不像亚声速那样,吸力增大的地方主要位于机翼前端,所以升力增量的作用点——焦点位置比较靠后。随机翼局部激波的不断后移,局部超声速区不断向后扩大,焦点位置也不断向后移动。超声速飞行中,机翼上下表面均为超声速气流,迎角增大时,机翼上表面的吸力和下表面的压力几乎是均匀增加的。因此,焦点位置处在翼弦的45%～50%处,而不再随 M 数而变。

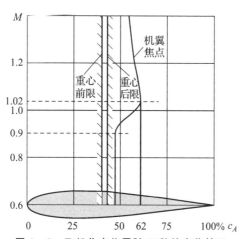

图4-3 飞机焦点位置随 M 数的变化情况

如图4-4所示,当飞机迎角增大时,平尾迎角也将增大,并产生平尾升力增量 $\Delta L_{平尾}$。这一升力增量会引起后机身在原有基础上向上弯曲。这样,平尾迎角增量将因变形而减小,平尾的升力增量也将因变形而减小,所以飞机焦点就要向前移动。

图 4 - 4 机身的弯曲变形

此外，飞机焦点还要受到收放襟翼和收放起落架的影响。放襟翼后，因机翼的附加升力增大较多，引起飞机焦点前移。放起落架后，起落架后面形成很大的涡流区，影响到水平尾翼，使水平尾翼的附加升力减小，则飞机焦点位置前移。

4.1.2 纵向平衡性能的实质

所谓纵向平衡性能，是指不经飞行员操纵，调整片或调整片效应机构处于中立位置，驾驶杆处于自由状态下，飞机保持预定的等速直线飞行的能力。此时，飞机的力和力矩保持平衡，即

$$\begin{cases} \sum X = 0 \\ \sum Z = 0 \\ \sum M = 0 \end{cases} \quad (4-5)$$

对于一定的飞机，调整片或调整片效应机构处于中立位置，驾驶杆处于自由状态（杆力为零）时的速度称为平衡速度。当力和力矩发生变化后，将会引起平衡速度的变化。例如，飞机的上仰力矩增大，迎角增大，升力系数和阻力系数就要增大；反之，飞机的下俯力矩增大，平衡速度就要增大。因此，飞机平衡速度的大小，对飞机特别是高速飞机而言，就成为衡量纵向平衡性能好坏的重要标准。在预定情况下，如果纵向力矩平衡，则平衡速度不变，飞机纵向平衡性能良好；反之，力矩平衡遭到破坏，飞机的平衡速度发生变化，纵向平衡性能也就遭到破坏。

由此可见，为了保证飞机纵向平衡性能的良好，必须了解飞机纵向力矩的产生和变化规律。

4.1.3 飞机的纵向力矩

飞机的纵向力矩主要由机翼、机身（发动机短舱）和平尾的升力产生。阻力和发动机推力对重心构成的力矩一般不大，所以这里不作讨论。如果力矩使机头上仰，称为上仰力矩，规定为正；力矩使机头下俯，称为下俯力矩，规定为负。

1. 机翼力矩

如图 4-5 所示，机翼升力对飞机重心的力矩可表示为

$$M_翼 = L \cdot d \tag{4-6}$$

式中，L 为机翼的升力；d 为机翼压力中心到飞机重心之间的距离。

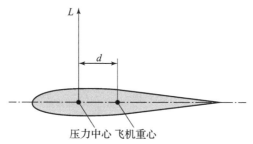

图 4-5　机翼的纵向力矩——按压力中心计算

用式（4-6）计算机翼的力矩显然是不方便的。因为迎角改变时，L 的大小及作用点均要改变，因而不易找到 $M_翼$ 与 α 的一一对应关系。为解决这一问题，按照力的平移原理，将升力 L 平移至焦点上，并加上一个力偶矩（$M_{0翼}$），其大小等于升力对焦点的力矩，如图 4-6 所示。这样，机翼的力矩可表示为

$$M_翼 = M_{0翼} - L(x_{F翼} - x_G) \tag{4-7}$$

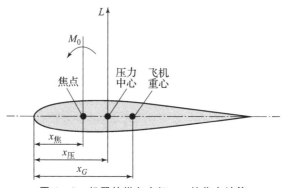

图 4-6　机翼的纵向力矩——按焦点计算

式（4-7）就是机翼力矩的表达式。式中等号右侧的第二项是升力力矩，其大小取决于升力的大小。在速度一定的条件下，则取决于升力系数（迎角）的大小。第一项等于升力对焦点的力矩，由上节内容可知，对于一定的机翼是一常数，不随升力的大小变化。即使升力为零时，其值一般也不为零，因此称其为零升力矩。对于图 4-7 所示的非对称机翼，当升力为零时，由于流过机翼气流的不对称性，机翼上仍作用有一力偶矩 $M_{0翼}$。

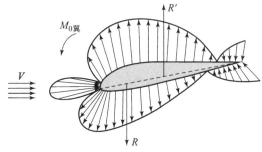

图 4-7 机翼的零升力矩

如将式（4-4）写成系数形式，则

$$C_{M翼} = \frac{M_翼}{\frac{1}{2}\rho v^2 S c_A} = \frac{M_{0翼}}{\frac{1}{2}\rho v^2 S c_A} - \frac{L}{\frac{1}{2}\rho v^2 S} \cdot \frac{(x_{F翼} - x_G)}{c_A}$$

$$= C_{M0翼} - C_L(\bar{x}_{F翼} - \bar{x}_G) \tag{4-8}$$

式中，$\bar{x}_{F翼}$、$\bar{x}_G$ 分别代表机翼焦点及飞机重心在平均空气动力弦上的相对位置；$C_{M0翼}$ 代表机翼的零升力矩系数。

由式（4-8）可见，引入焦点后，机翼俯仰力矩系数的变化仅仅取决于 C_L 并与 C_L 呈线性关系。在升力系数斜率不变的条件下，力矩系数也将与迎角呈线性关系。

2. 机身力矩

机身在一定的迎角下也会产生升力，并对重心形成纵向力矩。但考虑到机身力矩一般不大，为简化问题，通常把它与机翼组合为一体（又称翼身组合体），把机身对纵向力矩的影响量计入机翼力矩，作为机翼机身组合体的力矩。

机身对纵向力矩的影响有两个方面：一是机身的零升力矩为负值，使翼身组合体的负值零升力矩大于机翼的零升力矩；二是机身的焦点位置在机翼焦点之前，使翼身组合体的焦点位置前移。对超声速飞机，焦点前移量可达 0.08~0.10。

翼身组合体的力矩系数为

$$C_{M组合体} = C_{M0翼} + C_{M0身} + C_L[\bar{x}_G - (\bar{x}_{F翼} - \Delta\bar{x}_{F身})]$$

$$= C_{M0组合体} + C_L(\bar{x}_G - \bar{x}_{F组合体}) \tag{4-9}$$

式中，$C_{M组合体}$ 为翼身组合体的纵向力矩系数；$C_{M0组合体}$ 为翼身组合体零升力矩系数；$\bar{x}_{F组合体}$ 为翼身组合体的焦点。

从式（4-9）可看出，$C_{M组合体}$ 与 C_L 也呈线性关系，绘成曲线如图4-8所示。

3. 水平尾翼力矩

如果水平尾翼的升力为 $L_{平尾}$，如图4-9所示，则水平尾翼升力 $L_{平尾}$ 对飞

机重心的纵向力矩应为

$$M_{平尾} = -L_{平尾} \cdot d_{平尾} \quad (4-10)$$

式中，$d_{平尾}$ 为平尾压力中心到飞机重心的距离。迎角改变时平尾压力中心的移动量与其到飞机重心的距离相比很小，可以忽略不计，可把 $d_{平尾}$ 看作一个常量，并近似等于平尾（或升降舵）转轴到飞机重心的距离。

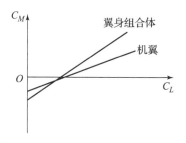

图 4-8　翼身组合体的力矩系数曲线

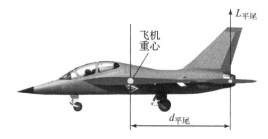

图 4-9　水平尾翼力矩

根据升力公式，平尾升力大小可表示为

$$L_{平尾} = C_{L平尾} \frac{1}{2} \rho V_{平尾}^2 S_{平尾} \quad (4-11)$$

式中，$C_{L平尾}$ 为水平尾翼的升力系数；$V_{平尾}$ 为流向水平尾翼的气流速度；$S_{平尾}$ 为水平尾翼的面积。

由于气流具有黏性，当气流流经机翼时，会损失一部分动能，使流向尾翼的气流速度要小于流向机翼的气流速度。二者的关系可表示为

$$V_{平尾}^2 = k_q \cdot V^2 \quad (4-12)$$

式中，k_q 称为速度阻滞系数，一般小于 1。

由此可得平尾产生的纵向力矩为

$$M_{平尾} = -C_{L平尾} k_q \frac{1}{2} \rho V^2 S_{平尾} d_{平尾}$$

化成系数形式为

$$C_{M平尾} = \frac{M_{平尾}}{\frac{1}{2}\rho v^2 S c_A} = -C_{L平尾} k_q \frac{S_{平尾} d_{平尾}}{S c_A} = -k_q A C_{L平尾} \quad (4-13)$$

式中，$A = \dfrac{S_{平尾} d_{平尾}}{S c_A}$ 称为平尾的静矩系数，或称平尾的静面矩。

对于全动式平尾，有

$$C_{L平尾} = C_{L\alpha 平尾} \cdot \alpha_{平尾} \quad (4-14)$$

如果水平尾翼翼弦与机翼翼弦平行，气流流向机翼与水平尾翼的方向相同，则水平尾翼的迎角 $\alpha_{平尾}$ 与机翼迎角 α 相同。但一般情况下，水平尾翼的翼

弦与机翼翼弦并不平行，设水平尾翼翼弦相对机翼翼弦向上偏转了 φ，如图 4-10 所示，可以看出，这时水平尾翼的迎角比机翼迎角增加了 φ。飞行中，气流流过机翼和机身后要产生下洗，即流向水平尾翼的气流方向相对于流向机翼的气流方向要向下偏斜，设偏斜角为 ε，称其为下洗角，如图 4-10（c）所示。从图中可以看出，下洗角使水平尾翼迎角相对于机翼迎角减小 ε。根据以上分析，水平尾翼的迎角 $\alpha_{平尾}$ 与机翼的迎角 α 之间的关系可表示为

$$\alpha_{平尾} = \alpha + \varphi - \varepsilon \tag{4-15}$$

式中，φ 称为平尾的安装角（或称尾翼差角），以平尾前缘向上，φ 为正。

由此可得水平尾翼产生的俯仰力矩系数为

$$\begin{aligned} C_{M平尾} &= -k_q A C_{L\alpha 平尾} \cdot \alpha_{平尾} \\ &= -k_q A C_{L\alpha 平尾} \cdot (\alpha + \varphi - \varepsilon) \end{aligned} \tag{4-16}$$

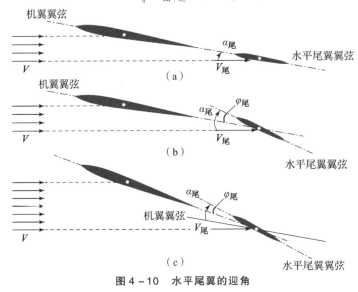

图 4-10 水平尾翼的迎角

由式（4-12）可见，平尾的纵向力矩系数也与 $C_L(\alpha)$ 呈线性关系，如图 4-11 所示，其曲线斜率为负，随 φ 角增大，曲线向下移。

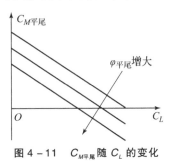

图 4-11 $C_{M平尾}$ 随 C_L 的变化

4. 全机的纵向力矩

根据前面的分析,全机的纵向力矩应为翼身组合体的力矩与平尾力矩之和。如用系数表示,则对于全动式平尾的飞机的全机纵向力矩系数为

$$\begin{aligned} C_M &= C_{M组合体} + C_{M平尾} \\ &= C_{M0组合体} - C_L(\bar{x}_{F组合体} - \bar{x}_G) + [-k_q A C_{L\alpha平尾}(\alpha + \varphi - \varepsilon)] \\ &= C_{M0} - C_L(\bar{x}_F - \bar{x}_G) \end{aligned} \quad (4-17)$$

式中,$C_{M0} = C_{M0组合体} - k_q A C_{L\alpha平尾}(\alpha_0 + \varphi)$,为全机的零升力矩系数,它的值与 C_L 无关;$\bar{x}_F = \bar{x}_{F组合体} + k_q A C_{L\alpha平尾}\left(\dfrac{1}{C_{L\alpha}} - D\right)$,为全机的焦点相对位置,它的大小由翼身组合体的焦点位置 $\bar{x}_{F组合体}$ 和平尾引起的焦点后移量 $\Delta \bar{x}_{F平尾} = k_q A C_{L\alpha平尾}\left(\dfrac{1}{C_{L\alpha}} - D\right)$ 共同决定。

由式(4-17)可以看出,全机力矩由两部分组成,一是与升力无关的力矩,是零升力矩;二是随升力变化的力矩,叫升力力矩。全机的纵向力矩系数仍与 $C_L(\alpha)$ 呈线性关系,如图 4-12 所示。

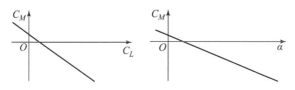

图 4-12 飞机纵向力矩系数曲线

4.2 飞机的侧向平衡性能

飞机的侧向平衡性能包括飞机的方向平衡性能和横向平衡性能两部分。

4.2.1 飞机的方向平衡性能

1. 方向平衡性能的实质

方向平衡性能是指不经飞行员操纵,飞机保持无侧滑的等速直线飞行能力。要使飞机保持无侧滑的等速直线飞行,必须使飞机的左偏力矩($N_{左偏}$)等

于右偏力矩（$N_{右偏}$），即

$$N_{左偏} = N_{右偏} \quad (4-18)$$

飞机的偏转力矩主要是机翼阻力力矩、发动机推力力矩、垂直尾翼力矩。如果飞机的左偏力矩不等于右偏力矩，飞机的方向平衡性能遭到破坏，在力矩差的作用下，飞机将偏转产生侧滑故障。

2. 飞机的偏转力矩

1）机翼阻力力矩

飞机作无侧滑飞行时，一边机翼的阻力对重心所构成的力矩叫机翼阻力力矩，如图4-13所示。其大小为

$$N_{wR} = D_R \cdot l_R \quad (4-19a)$$
$$N_{wL} = D_L \cdot l_L \quad (4-19b)$$

2）发动机推力力矩

双发或多发发动机的飞机，其一边发动机的推力对飞机重心形成的力矩，会促使机头偏转，这个力矩叫推力力矩，如图4-14所示。

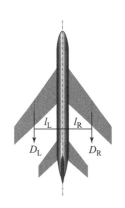

图4-13 机翼阻力力矩

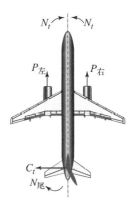

图4-14 推力力矩和垂尾力矩

3）垂直尾翼力矩

飞机作无侧滑飞行时，如方向舵不中立，则垂直尾翼两侧的流速和压力分布不同，就会产生一垂直于垂尾的侧力 C_t，此力绕重心构成一偏转机头的力矩 N_t，叫垂直尾翼力矩，如图4-14所示。

$$N_t = C_t \cdot d \quad (4-20)$$

偏转力矩主要是由机翼阻力、发动机推力及垂尾侧力产生的。因此，产生侧滑故障的原因有以下几方面：

①两翼外形不对称而引起的阻力差；
②垂直尾翼外形不对称而形成的侧力；
③双发或多发飞机、左右发动机推力不等或推力线偏斜而造成的偏转力矩。

3. 高速飞机高速飞行时的方向不平衡现象——自动调头

自动调头是指不经飞行员操纵，飞机自动偏转形成侧滑的现象。自动调头主要是由飞机外形左右不对称造成的。飞机外形不对称，会造成左右机翼阻力系数不等，垂尾的侧力系数不等于零。因此，就会对飞机重心形成偏转力矩，从而造成自动调头。

飞机外形左右完全对称是不可能的。因此，高速飞行时，由于动压较大，左右机翼微小的差异也会形成较大的阻力差，形成较大的偏转力矩；同理，在垂尾上也会产生较大的侧力，形成偏转力矩。因此，高速飞机在高速飞行时产生自动调头现象是不可避免的。

4.2.2 飞机的横向平衡性能

1. 横向平衡性能的实质

飞机的横向平衡性能，是指不经飞行员操纵，飞机保持无滚转（即无坡度）的等速直线飞行的能力。要使飞机保持无滚转的等速直线飞行，必须使其左滚力矩等于右滚力矩，即

$$L_{左滚} = L_{右滚} \tag{4-21}$$

飞机的滚转力矩，主要是机翼的升力力矩。对于同一架飞机而言，副翼偏转角是影响机翼升力力矩的主要因素。如果副翼不在中立位置，则副翼下偏的一侧机翼升力大，副翼上偏的一侧机翼升力小，使左右机翼的升力力矩不等，飞机将向副翼上偏的一侧滚转。

因此，横向平衡性能的实质，就是作用于飞机上各滚转力矩暂时的相对平衡。当左滚力矩等于右滚力矩时，飞机就具有良好的横向平衡性能。否则，飞机的横向平衡性能就会遭到破坏，飞机也就因此滚转而产生坡度故障。

2. 飞机的滚转力矩

由于飞机的滚转力矩主要是由机翼升力产生的，如图 4-15 所示，因此横向平衡的条件可表示为

$$L_左 d_左 = L_右 d_右 \tag{4-22}$$

式中，$d_左$、$d_右$ 分别为左、右机翼升力到飞机对称面的距离。

写成系数形式，则为

$$C_{L左} \frac{1}{2}\rho v^2 \cdot \frac{S}{2} \cdot d_左 = C_{L右} \frac{1}{2}\rho v^2 \cdot \frac{S}{2} \cdot d_右 \tag{4-23}$$

对于同一架飞机，左右机翼动压相等，因此式（4-23）又可简化为

$$C_{L左} \cdot d_左 = C_{L右} \cdot d_右 \tag{4-24}$$

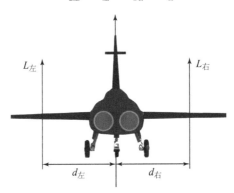

图 4-15　飞机的滚转力矩

3. 高速飞机在高速飞行时的横向不平衡现象——自动倾斜

自动倾斜是指不经飞行员操纵，飞机自发向左或向右倾斜的一种现象。其主要原因有以下两方面：

① 由于左右机翼刚性不同，在大表速飞行时左右机翼变形不同引起升力不等而造成的；

② 由于左右机翼外形差异使局部激波发展不平衡引起大 M 数飞行时左右机翼升力不等而造成的。

实际上，自动倾斜只是在大表速或大 M 数飞行时才有明显的表现，这是因为：

① 大表速飞行，机翼变形明显，左右机翼升力差增大，使横向不平衡力矩增大；

② 左右机翼的某些外形差别，只有在大 M 数出现局部激波后才会出现明显的升力差；

③ 大表速或大 M 数飞行时，副翼效率低，为了制止飞机倾斜，需要飞行员压杆量增大，因而飞行员感觉自动倾斜的程度加剧。

由于左右机翼刚度或外形不可能绝对相同，因此高速飞机在高速飞行时产

生一定程度的自动倾斜现象是不可避免的。但是这种现象应限定在一定程度内。否则，飞行员为保持横向平衡，向倾斜的反方向压杆量过大，将过多分散飞行员的精力，造成不必要的疲劳，而且会减小驾驶杆向一侧的有效行程，影响飞机的横向操纵性能。因此，为保证飞机具有良好的横向平衡与操纵性能，各种飞机都规定了一定的允许倾斜范围。

4.3 飞机的纵向静稳定性

飞行中，飞机经常受到各种扰动，如气流的波动，发动机工作不稳定，飞行员无意中触动杆、舵等，这些扰动都会使飞机偏离原来的平衡状态。由于扰动比较突然，有时也比较频繁，如果单靠飞行员的操纵来修正飞机的飞行姿态，会严重分散飞行员的精力，而有些情况靠飞行员也难以修正，因此要求飞机具有在扰动消失后自动恢复原平衡状态的能力，飞机的这种特性就是飞机的稳定性。

稳定性可分为动稳定性和静稳定性两种，本节主要讨论飞机静稳定性的获得及其变化规律和影响因素。

4.3.1 稳定性的概念

稳定性是指平衡的物体受到扰动后，能否恢复原平衡状态的问题。因此，研究稳定性的实质就是物体平衡的实质。

为了更好地说明稳定性的概念和分析具备稳定性的条件，首先来研究圆球的稳定问题。如图4-16所示的三种情况，设圆球原来处于平衡状态。现在给它一个瞬时小扰动，例如推它一下，使其偏离平衡状态，我们来讨论在扰动去除后，圆球是否能回到原来的平衡状态。

图4-16（a）所示的圆球，在扰动取消后，其在弧形槽中经过若干次来回摆动，最后自动地恢复到原来的平衡位置，这种情况称为稳定。而图4-16（b）所示的圆球，在扰动取消后，其沿弧形坡道滚下，离原来的平衡位置越来越远，不能自动地恢复到原来的平衡位置，这种情况称为不稳定。而图4-16（c）所示的圆球，在扰动取消后，就停在扰动消失时的位置，既不继续偏离原来的平衡位置，也不自动恢复到原来的平衡位置，这种情况称为随遇稳定或中立稳定。

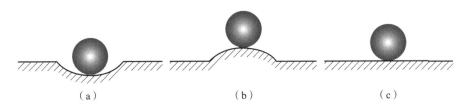

图 4-16 圆球的三种稳定状态
(a) 稳定；(b) 不稳定；(c) 中立稳定

为什么会出现这些现象呢？原因如下：

①图 4-16（a）所示的圆球偏离平衡位置后，其重力在平行于弧形曲线切线方向上的分力对圆球与弧形曲线的接触点（支持点）形成一个力矩，该力矩使圆球具有自动恢复到其原来平衡状态的趋势。这种力矩称为稳定力矩或恢复力矩。同时，圆球在弧形曲线上运动的阻力也对其支持点形成一个力矩，但其方向和圆球运动方向相反，起到阻止摆动的作用，称为阻转力矩或阻尼力矩，在此力矩作用下，圆球的摆幅越来越小，最后停止在原来的平衡位置上，因而是稳定的。

②图 4-16（b）所示的圆球偏离平衡位置后，其重力在平行于弧形曲线切线的方向上的分力，对圆球与弧形曲线的接触点（支持点）形成一个力矩，该力矩使圆球继续偏离原来的平衡状态，是不稳定力矩。因此圆球不能自动回到原来的平衡位置上，因而是不稳定的。

③图 4-16（c）所示的圆球偏离平衡位置后，其重力与平面的支持力在同一条直线上，对支持点不形成任何力矩，圆球既不继续加大偏离原来的平衡状态，也不会自动回到原来的平衡状态。

由此可知，欲使处于平衡状态的物体具有稳定性，其必要条件是物体在受到扰动后能够产生稳定力矩，使物体具有自动恢复到原来的平衡状态的趋势；其次是在恢复过程中同时产生阻尼力矩，保证物体最终恢复到原来的平衡状态。

对飞机来说，其稳定与否，和上述圆球的情况在实质上是类似的。如果在飞行中飞机由于外界瞬时微小扰动而偏离了平衡状态，这时若在飞机上能够产生稳定力矩，使飞机具有自动恢复到原来平衡状态的趋势，同时在飞机摆动过程中又能产生阻尼力矩，那么飞机就能像图 4-16（a）所示的圆球一样，无须驾驶员的干预就能自动恢复到原来的平衡状态，因而是稳定的，或者说飞机具有稳定性；反之，若飞机偏离平衡状态后产生的是不稳定力矩，那么飞机就会像图 4-16（b）所示的圆球一样越来越偏离原来的平衡位置，因而是不稳定的，也就是没有稳定性。显然，为了保证飞行安全和便于操纵，飞机应当具有良好的稳定性。

通常将稳定性分成静稳定性和动稳定性。如果飞机在外界瞬时扰动的作用下偏离平衡状态，在最初瞬间所产生的是恢复力矩，使飞机具有自动恢复到原来平衡状态的趋势，则称飞机具有静稳定性；反之，若产生的是不稳定力矩，飞机便没有自动恢复到平衡状态的趋势，故称为没有静稳定性。显然，静稳定性只表明飞机在外界扰动作用后的最初瞬间有无自动恢复到原来平衡状态的趋势，并不能说明飞机整个稳定的过程，即能否最终恢复到原来的平衡状态。研究飞机在外界瞬时扰动作用下整个扰动运动过程的问题，称为飞机的动稳定性。

飞机的静稳定性和动稳定性之间有着非常密切的关系。一般来说，只要恰当地选择静稳定性的大小，就能保证获得良好的动稳定特性。限于本课程性质，下面主要介绍飞机的静稳定性问题。

在研究平衡问题时，曾经把飞机的运动分成纵向运动和侧向运动。同样，飞机的静稳定性也可分为纵向静稳定性和侧向静稳定性。下面先讨论飞机的纵向静稳定性问题，然后再分析侧向静稳定性。

4.3.2 迎角静稳定性及其影响因素

1. 迎角静稳定性的定义及条件

迎角静稳定性是指扰动过程中，速度始终保持不变，在扰动消失后的瞬间，迎角有无恢复原平衡状态的趋势。有自动恢复原迎角趋势的，称为具有迎角静稳定性；反之，则不具有迎角静稳定性，或称迎角静不稳定。因为迎角静稳定性研究的是在速度一定的条件下，迎角（即过载）恢复原平衡状态的趋势，因此，迎角静稳定性亦称为定速静稳定性或过载静稳定性。

如图 4-17 所示，设 $C_m - \alpha$ 曲线斜率为负，并假定飞机原来处于平衡状态，$C_m = 0$。此时，如果飞机受扰动，迎角增大（$\Delta\alpha > 0°$），必然引起 C_m 的下降（$\Delta C_m < 0$），产生附加的下俯力矩，使飞机具有恢复原迎角的趋势。同理，当飞机受扰动产生 $-\Delta\alpha$ 时，则必然产生 $+\Delta C_m$，使飞机具有恢复原迎角的趋势。由此可见，当曲线斜率 $C_{m\alpha} = \dfrac{\mathrm{d}C_m}{\mathrm{d}\alpha} < 0$ 时，飞机必然具有迎角静稳定性。使飞机恢复原迎角的力矩，称为稳定力矩。

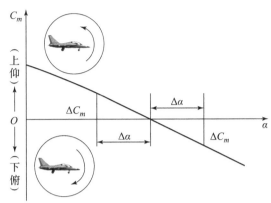

图 4-17　飞机俯仰力矩系数与迎角的关系

同理可以证明：当 $C_{m\alpha}>0$ 时，飞机没有自动恢复迎角的趋势，即飞机迎角静不稳定；而 $C_{m\alpha}=0$ 时，飞机迎角中立稳定。因为，

$$C_{m\alpha}=\frac{\mathrm{d}C_m}{\mathrm{d}\alpha}=\frac{\mathrm{d}C_m}{\mathrm{d}C_L}\frac{\mathrm{d}C_L}{\mathrm{d}\alpha}=C_{mC_L}\cdot C_{L\alpha} \qquad (4-25)$$

因此，飞机的迎角静稳定性亦可用 C_{mC_L} 来判定，即

$C_{mC_L}<0$ 迎角静稳定；

$C_{mC_L}>0$ 迎角静不稳定；

$C_{mC_L}=0$ 迎角中立稳定。

又因为 $C_m=C_{m0}-C_L(\bar{x}_F-\bar{x}_G)$，所以，

$$C_{mC_L}=-(\bar{x}_F-\bar{x}_G) \qquad (4-26)$$

从式（4-26）可见，飞机是否具有迎角静稳定性取决于重心与焦点的相互位置。如图 4-18 所示，如果焦点在重心之后（$\bar{x}_F-\bar{x}_G>0$），飞机受扰动迎角增大时，ΔL 对飞机重心形成下俯力矩，飞机便具有恢复原迎角的趋势，飞机具有迎角静稳定性；反之，焦点在重心之前（$\bar{x}_F-\bar{x}_G<0$）。飞机受扰动迎角增大时，ΔL 对重心形成上仰力矩，促使飞机迎角进一步增大，飞机不具有迎角静稳定性。而当焦点与重心重合（$\bar{x}_F-\bar{x}_G=0$），当飞机受扰动迎角增加时，ΔL 对重心不形成力矩，因此飞机处于迎角中立稳定状态。焦点与重心的距离越大，当飞机受扰动迎角改变后，升力增量对重心形成的力矩越大。由上面分析可见，C_{mC_L} 的正负代表了迎角静稳定的性质，$|C_{mC_L}|$ 的大小代表了迎角稳定性的强弱，所以通常把 C_{mC_L} 称为迎角静稳定度。

从上面分析还可以看出，稳定飞行的基本条件是在该平衡迎角下 $C_m=0$，$C_{m\alpha}<0$。由图 4-18 可见，要满足这一要求，必须使飞机的 $C_{m0}>0$，$C_{mC_L}<0$ 才能实现稳定飞行。即能实现稳定飞行的飞机其零升力矩系数必须大于零，力矩系数曲线斜率必须小于零。

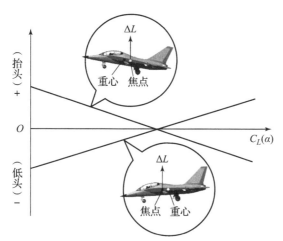

图 4–18　飞机具有迎角静稳定性的条件

2. 影响迎角静稳定性的因素

1）重心

飞机在飞行过程中，重心位置会发生变化。在焦点位置不变的情况下，由 $C_{mC_L} = -(\bar{x}_F - \bar{x}_G)$ 可知，重心前移，$|C_{mC_L}|$ 增大，迎角静稳定性增强；重心后移，$|C_{mC_L}|$ 减小，迎角静稳定性减弱。如果重心位置移至与焦点重合，$C_{mC_L} = 0$，此时飞机为中立稳定。所以焦点所在的位置，又称中立重心位置（简称中性点）。

2）飞行 M 数

超声速飞行时由于超过临界 M 数之后，随着 M 数的增大，焦点位置急剧后移，在重心位置不变的情况下，$|C_{mC_L}|$ 就要增大。因此比起亚声速飞行，飞机的迎角静稳定性有明显的增强。

3）大迎角

后掠翼飞机大迎角飞行时会产生翼尖分离。翼尖分离后，当迎角增大时，翼尖部分的升力减小。相当于在翼尖部分作用了一个向下的升力增量，由于后掠翼翼尖部分比较靠后，使飞机焦点前移，导致纵向力矩系数曲线向上弯曲，$|C_{mC_L}|$ 减小，迎角静稳定性减弱。当飞机的迎角超过临界迎角时，由于机翼大部分地区出现了严重的气流分离现象，焦点迅速前移，致使 $C_{m\alpha} > 0$，飞机变为静不稳定，如图 4–19 所示。

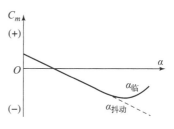

图 4–19　后掠翼飞机纵向力矩系数随迎角的变化

4）飞机的弹性变形

机身以及后掠翼的弹性变形，都会引起飞机焦点的前移，使$|C_{mC_L}|$减小，飞机的纵向静稳定性下降。飞行表速越大，飞机的弹性变形越严重，飞机焦点前移量越大，$|C_{mC_L}|$减小越多，纵向静稳定性越差。

5）地面效应

飞机在起飞、着陆接近地面飞行时，由于地面的限制，使接近于地面的气流不能有垂直向下的分量，而只能沿地面流动，如图4-20所示。这样，由于地面的作用，将会引起飞机上的空气动力发生变化，如：

①大大减小了尾翼区气流的下洗。

②加大了平尾升力系数斜率。

图4-20 地面效应

而这两项变化，都要引起飞机焦点后移，使$|C_{mC_L}|$增大，飞机迎角静稳定性增强。这类由于地面的作用而引起的气动特性的变化，通常称为地面效应。

4.4 飞机的侧向静稳定性

飞机的侧向静稳定性分为方向静稳定性和横向静稳定性两部分，本节分别讨论这两部分的性能。

4.4.1 飞机的方向静稳定性

方向稳定性是指飞机受扰动偏离原来方向平衡状态，当扰动消失后，飞机恢复原平衡状态的能力。为使问题得以简化，将方向稳定性又分为方向动稳定性和方向静稳定性。方向静稳定性是方向动稳定性的前提，因此本小节主要研究飞机的方向静稳定性。

1. 方向静稳定性的定义及其条件

方向静稳定性是指飞机受扰动偏离原方向平衡状态,当扰动消失后,飞机自动恢复原平衡状态的趋势。

与迎角静稳定性相似,飞机是否具有方向静稳定性,也取决于它的力矩特性,即

$C_{n\beta} > 0$,飞机具有方向静稳定性;

$C_{n\beta} < 0$,飞机方向静不稳定。

这是因为,如图 4-21 所示,当 $C_{n\beta} > 0$ 时,飞机受扰动偏离原平衡状态,产生 $+\Delta\beta$(右侧滑),飞机将产生系数为 $+\Delta C_n$ 的力矩增量,这一力矩增量使机头右偏,从而产生消除 $\Delta\beta$ 的趋势。反之,飞机受扰动产生左侧滑 $-\Delta\beta$,$C_{n\beta} > 0$,使飞机受左偏力矩的作用而产生消除左侧滑的趋势。此时,飞机具有方向静稳定性。

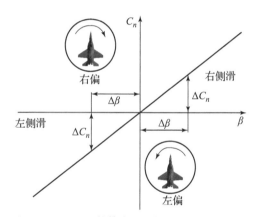

图 4-21 飞机偏转力矩系数同侧滑角的关系

同理,当 $C_{n\beta} < 0$ 时,飞机为方向静不稳定。

由图 4-21 还可看出,在同样 $\Delta\beta$ 下,$|C_{n\beta}|$ 越大,产生的 $|\Delta C_n|$ 越大,恢复趋势越强。因此,$|C_{n\beta}|$ 的大小代表了方向静稳定性的大小,所以称 $C_{n\beta}$ 为方向静稳定度(或方向静安定度)。

必须注意,方向静稳定性并不代表飞机保持航向不变的特性,它仅代表消除侧滑,使飞机对称面与飞行速度方向一致的特性。

2. 方向静稳定性的产生

飞机的方向静稳定性主要是由垂尾产生的。此外,飞机的背鳍和腹鳍也产生一定的方向稳定力矩。

如图 4-22 所示，当飞机受到扰动出现右侧滑（$\beta > 0°$）时，垂尾产生的向左的侧力（$C_{垂尾} < 0$）形成使机头右偏的力矩，力图消除右侧滑，致使飞机具有方向静稳定性。

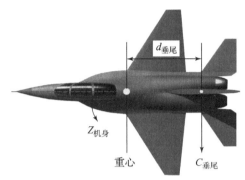

图 4-22　垂直尾翼提供的方向稳定力矩

因为

$$C_{垂尾} = C_{C垂尾} q_{垂尾} S_{垂尾} = C_{C\beta 垂尾}(\beta - \sigma) k_q q S_{垂尾} \qquad (4-27)$$

式中

$$C_{C垂尾} = C_{C\beta 垂尾}(\beta - \sigma) = C_{C\beta 垂尾} \beta \left(1 - \frac{\partial \sigma}{\partial \beta}\right)$$

$$q_{垂尾} = k_q q$$

而 σ 为飞机的侧洗角。

这样，由垂尾产生的稳定力矩为

$$N_{垂尾} = C_{垂尾} d_{垂尾} = k_q C_{C\beta 垂尾} q S_{垂尾} \beta \left(1 - \frac{\partial \sigma}{\partial \beta}\right) d_{垂尾} \qquad (4-28)$$

化为系数形式，得

$$C_{n垂尾} = \frac{N_{垂尾}}{qSb_w} = k_q C_{C\beta 垂尾} \frac{S_{垂尾} d_{垂尾}}{Sb_w} \beta \left(1 - \frac{\partial \sigma}{\partial \beta}\right)$$

$$= k_q A_{垂尾} C_{C\beta 垂尾} \left(1 - \frac{\partial \sigma}{\partial \beta}\right) \beta \qquad (4-29)$$

这样，垂尾对方向静稳定性的贡献为

$$C_{n\beta 垂尾} = k_q A_{垂尾} C_{C\beta 垂尾} \left(1 - \frac{\partial \sigma}{\partial \beta}\right) \qquad (4-30)$$

式中，$A_{垂尾}$ 为垂尾静面矩。

通常侧洗角较小。如果略去侧洗的影响，则

$$C_{n\beta 垂尾} = k_q A_{垂尾} C_{C\beta 垂尾} \qquad (4-31)$$

必须注意，因为 $C_{C\beta 垂尾} < 0$，所以 $C_{n\beta 垂尾} < 0$，即垂尾提供的是稳定力矩。

3. 影响方向静稳定性的因素

1) 飞行 M 数

飞机的方向静稳定性 $C_{n\beta}$ 随 M 数的变化规律如图 4-23 所示。随着 M 数的增大，亚声速阶段 $|C_{n\beta}|$ 基本不变，跨声速阶段 $|C_{n\beta}|$ 增大，超声速阶段 $|C_{n\beta}|$ 下降。方向静稳定性主要是由垂尾提供的，因此 $|C_{n\beta}|$ 的大小主要取决于 $|C_{C\beta垂尾}|$。而 $|C_{C\beta垂尾}|$ 随 M 数的变化规律与机翼 $C_{L\alpha}$ 相似，如图 4-24 所示。因此，$|C_{n\beta}|$ 的变化规律也与 $C_{L\alpha}$ 随 M 数变化规律相似。

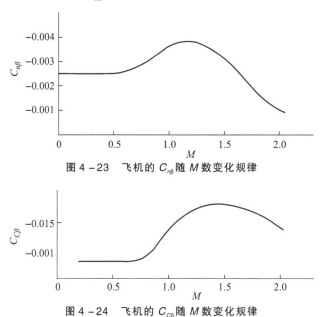

图 4-23　飞机的 $C_{n\beta}$ 随 M 数变化规律

图 4-24　飞机的 $C_{C\beta}$ 随 M 数变化规律

2) 飞行迎角

飞行迎角增大，飞机方向静稳定性减弱。其原因有以下几个方面：

①大迎角下机身、机翼遮蔽了流向垂尾的气流，$|C_{C\beta垂尾}|$ 下降。

②大迎角下垂尾垂直于前缘的有效气流分速减小，$|C_{C\beta垂尾}|$ 下降。

③在大迎角下，就相对气流方向来说，垂尾的翼展缩短，翼弦延长，有效展弦比减小，这就使得垂尾翼尖涡增强，侧洗加大，$|C_{C\beta垂尾}|$ 下降，参见式 (4-30)。

④在大迎角下，机身引起的旋涡也促使垂尾的稳定作用下降。如图 4-25 所示，机身诱导出来的两道旋涡，其方向大致与气流平行。当无侧滑时，两边旋涡距离垂尾相等（图中 A、C）。当飞机受扰动产生左侧滑时，机身旋涡顺气流方向向右偏斜，右边旋涡远离垂尾，左边旋涡靠近垂尾（图中 B、D）。

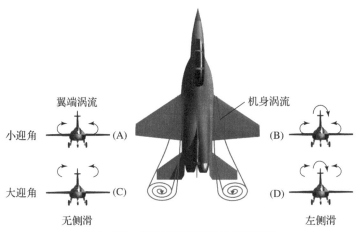

图 4-25 机身尾涡对垂尾侧力的影响

由图 4-25 中 D 可见,在大迎角下,机身诱导出来的涡很强,又很靠近垂尾的顶端。由于机身旋涡与垂尾翼尖涡的旋转方向相同,使垂尾左右两边均压作用增强,因此 $|C_{c\beta 垂尾}|$ 下降(小迎角时机身旋涡不仅离开垂尾顶端较远,而且强度也弱,因此对 $|C_{c\beta}|$ 影响也较小,如图中 B 所示)。

3)发动机工作状态

发动机工作时,当飞机产生侧滑后,同带迎角飞行一样,流入进气道的空气要对机头产生一个侧力 $C_{进}$,如图 4-26 所示。$C_{进}$ 对飞机重心形成的力矩 $N_{进气道}$ 起扩大侧滑角作用,所以使飞机方向静稳定性减弱。发动机进气量越大,方向稳定性越差。

图 4-26 侧滑时发动机进气道所产生的侧力

4)机翼后掠角

机翼后掠角起增强方向稳定性的作用。这是因为,如图 4-27 所示,飞机受扰动产生右侧滑,设侧滑角为 β,两翼垂直前缘的有效分速不同。

右翼: $V_{n右} = V\cos(\chi - \beta)$

左翼: $V_{n左} = V\cos(\chi + \beta)$

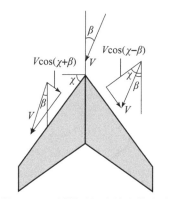

图4-27 侧滑时机身的有效分速

因为 $V_{n右} > V_{n左}$，所以右翼的阻力 $D_右$ 大于左翼的阻力 $D_左$，两翼的阻力差形成使机头右偏消除侧滑的力矩，因此后掠角起方向静稳定性作用。后掠角越大，方向静稳定性增加越多。

4.4.2 飞机的横向静稳定性

横向稳定性是指飞机受扰动后偏离原来的横向平衡状态，当扰动消失后，飞机恢复原来状态的能力。与研究方向稳定性的方式相同，我们也将横向稳定性分为横向静稳定性和横向动稳定性，本小节着重研究横向静稳定性问题。

1. 横向静稳定性的定义及条件

横向静稳定性是指飞机受扰动偏离了原来的横向平衡状态（即产生了坡度 φ），当扰动消失后，飞机恢复原横向平衡状态（即消除坡度 φ）的趋势。

飞机是否具有横向静稳定性，取决于滚转力矩系数随侧滑角的变化特性，即取决于导数 $C_{l\beta}$。当 $C_{l\beta} < 0$ 时，飞机具有横向静稳定性；当 $C_{l\beta} > 0$ 时，飞机不具有横向静稳定性，或称其为横向静不稳定。为什么横向静稳定性取决于 $C_{l\beta}$ 而非 $C_{l\varphi}$ 呢？这是因为横向稳定力矩是由坡度引起的侧滑产生的。分析如下：

如图4-28所示，当飞机的 $C_{l\beta} < 0$ 时，飞机受扰动产生右坡度，由于飞机向右倾斜，致使升力方向向右坡度方向偏斜，在升力向右的分力作用下，使飞机向右运动而产生右侧滑（图4-29）即产生了 $+\Delta\beta$。因为 $C_{l\beta} < 0$，必然产生向左滚转的稳定力矩（$\Delta C_l < 0$），使飞机具有消除坡度恢复原平衡的趋势。反之，当 $C_{l\beta} > 0$ 时，飞机受扰动产生右坡度，由右坡度带来右侧滑，右侧滑（$+\Delta\beta$）却造成了 $\Delta C_l > 0$，使飞机右滚，继续扩大右坡度，飞机就不具有横向静稳定性。

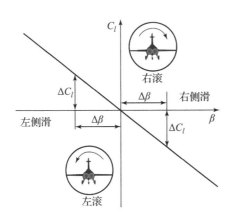
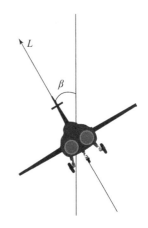

图 4-28　飞机滚转力矩系数同侧滑角关系曲线　　图 4-29　飞机坡度引起的侧滑

由以上分析可知，$|C_{l\beta}|$ 的大小代表了横向静稳定性的强弱，因此也称 $C_{l\beta}$ 为横向静稳定度（或横向静安定度）。

2. 横向静稳定性的产生

飞机的横向静稳定性通常是由机翼的后掠角及上反角提供的。对于具有高垂直尾翼的飞机，垂尾也对横向稳定性有贡献。

1）后掠角

设后掠角飞机受扰动后产生右坡度，进而产生右侧滑时，右翼垂直于前缘的分速必将大于左翼垂直于前缘的分速。如果两翼迎角相同，升力系数相等，则右翼升力大于左翼升力，形成左滚力矩，力图消除右坡度，使飞机具有横向静稳定性。

由图 4-27 可知

$$V_{n右} = V\cos(\chi - \beta)$$
$$V_{n左} = V\cos(\chi + \beta)$$

考虑到左右两翼有效迎角不同，即

$$\alpha_{n右} = \frac{\alpha}{\cos(\chi - \beta)}$$

$$\alpha_{n左} = \frac{\alpha}{\cos(\chi + \beta)}$$

这样左半翼的升力为

$$L_{左} = C_{L\alpha n}\alpha_{n左}\frac{1}{2}\rho V_{n左}^2 \frac{S}{2} = C_{L\alpha n}\frac{\alpha}{\cos(\chi + \beta)}\frac{1}{2}\rho V^2 \cos^2(\chi + \beta)\frac{S}{2}$$

$$= C_{L\alpha n}\alpha \frac{1}{2}\rho V^2 \cos(\chi + \beta)\frac{S}{2}$$

同理可推得

$$L_{右} = C_{L\alpha n}\alpha \frac{1}{2}\rho V^2 \cos(\chi-\beta)\frac{S}{2}$$

假定左右两半翼空气动力作用是对称的，各半翼的升力作用在各半翼的形心上，则左右两半翼升力差造成的滚转力矩为

$$L_{后掠} = (L_{左} - L_{右})Y_{形}$$
$$= C_{L\alpha n}\alpha \frac{1}{2}\rho V^2 \frac{S}{2}Y_{形}[\cos(\chi+\beta) - \cos(\chi-\beta)]$$
$$= -C_{L\alpha n}\alpha \frac{1}{2}\rho V^2 S Y_{形} \sin\chi\sin\beta \tag{4-32}$$

化成系数形式，得

$$C_l = \frac{L_{后掠}}{\frac{1}{2}\rho v^2 S b_w} = -C_{L\alpha n}\alpha \frac{Y_{形}}{b_w}\sin\chi\sin\beta \tag{4-33}$$

考虑到 β 较小，$\sin\beta \approx \beta$；而由空气动力学可知

$$C_{L\alpha n} = C_{L\alpha}\frac{1}{\cos\chi}$$

再将 $\overline{Y}_{形} = \dfrac{Y_{形}}{\dfrac{b_w}{2}}$ 代入，可得

$$C_{l后掠} = -\frac{1}{2}C_{L\alpha}\alpha \cdot \tan\chi \cdot \beta \cdot \overline{Y}_{形} = -\frac{1}{2}C_L\tan\chi \cdot \beta \cdot \overline{Y}_{形} \tag{4-34}$$

将式（4-34）对侧滑角求导，即可得到后掠角对横向静稳定度的贡献：

$$C_{l\beta 后掠} = -C_L\tan\chi\overline{Y}_{形} \tag{4-35}$$

由式（4-35）可见，后掠角所产生的是稳定力矩，并且对横向静稳定度的贡献随后掠角增大而增大。

2）上反角

机翼上反角之所以能起到横向稳定作用，是由于机翼上反角使飞机侧滑时左右机翼的有效迎角不同，进而两半翼升力不等形成稳定力矩的。

如图 4-30 所示，设上反机翼受扰动产生右坡度进而产生右侧滑，此时气流 v 可分解为垂直于前缘的分速 $v\cos\beta$ 和平行于前缘的分速 $v\sin\beta$。其中，分速 $v\cos\beta$ 对左右机翼作用相同。但由于机翼具有上反角，$v\sin\beta$ 又可进一步分解为垂直于弦平面的分速 $v\sin\beta\sin\varphi$ 及平行于弦平面的分速 $v\sin\beta\cos\varphi$。分速 $v\sin\beta\cos\varphi$ 对机翼压力分布无影响，左右机翼的分速 $v\sin\beta\sin\varphi$ 虽然大小相等，但方向相反，它使右半翼有效迎角增大，左半翼的有效迎角减小，即（其中 β、φ 均较小）

$$\Delta\alpha_{右} = \frac{v\sin\beta\sin\varphi}{v\cos\beta} \approx \beta\varphi$$

$$\Delta\alpha_{左} = \frac{-v\sin\beta\sin\varphi}{v\cos\beta} \approx -\beta\varphi$$

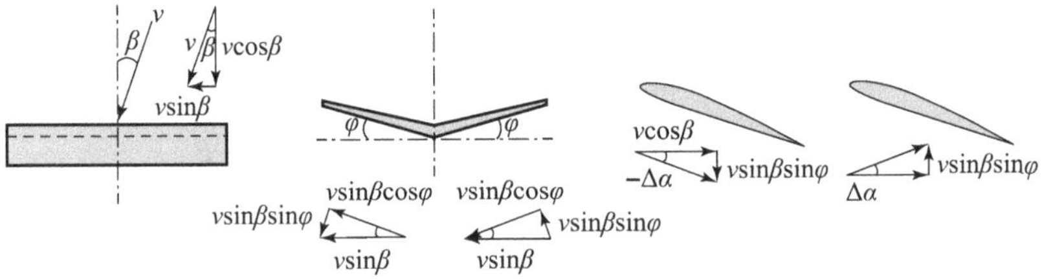

图 4-30　机翼上反角在右侧滑时所产生的附加迎角

由于两半翼垂直于前缘的有效分速大小相同，这样就使右半翼的升力大于左半翼的升力，从而形成稳定力矩，使飞机具有横向静稳定性。其 $C_{l\beta\varphi}$ 的大小，可按下面的方法推得。

根据左右机翼迎角变化先求出左右半翼升力增量，即

$$\Delta L_{左} = C_{L\alpha}\Delta\alpha_{左}\frac{1}{2}\rho v^2 \cos^2\beta \frac{S}{2} \approx -C_{L\alpha}\beta\varphi \frac{1}{2}\rho v^2 \frac{S}{2}$$

$$\Delta L_{右} = C_{L\alpha}\Delta\alpha_{右}\frac{1}{2}\rho v^2 \cos^2\beta \frac{S}{2} \approx C_{L\alpha}\beta\varphi \frac{1}{2}\rho v^2 \frac{S}{2}$$

根据升力增量，可计算升力增量引起的滚转力矩，即

$$L_\varphi = \Delta L_{左} Y_{形} - \Delta L_{右} Y_{形} = -\frac{1}{2}C_{L\alpha}\beta\varphi\rho v^2 S Y_{形}$$

化成系数形式

$$C_{l\varphi} = -\frac{1}{2}C_{L\alpha}\varphi \overline{Y}_{形}\beta$$

对 β 求导，得

$$C_{l\varphi\beta} = -\frac{1}{2}C_{L\alpha}\varphi \overline{Y}_{形} \qquad (4-36)$$

由式（4-36）可见，上反角提供的横向静稳定度与上反角成正比。但目前很多后掠翼采用了下反角（$\varphi < 0°$），目的是要减小飞机的横向稳定度，因为飞机的横向稳定度过大。

3）垂直尾翼

高垂直尾翼的飞机，垂直尾翼也起增大飞机横向稳定性的作用，如图 4-31 所示，飞机由于左滚产生左侧滑，在垂尾上产生向右的侧力 $\Delta C_{垂尾}$，使飞机产生右滚力矩，消除左坡度，起到横向稳定作用。

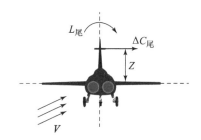

图 4-31　高垂直尾翼的横向稳定作用

3. 影响飞机横向静稳定性的因素

1）飞行 M 数

以某飞机为例，该飞机机翼后掠角为 35°，当飞机带 5°右侧滑飞行时，右翼（侧滑前翼）的有效后掠角为 30°，左翼的有效后掠角为 40°。如图 4-32 所示，亚声速阶段，由于压缩性影响很小，左右升力系数差很小。因此，情况如同前面分析一样，由于两翼有效分速不同，产生稳定力矩，使 $C_{l\beta}<0$。但在跨声速阶段情况则不同。两翼迎角相同的条件下，由于右翼有效后掠角小，$M_{临}$ 较低，如图中 M_1 所示，升力系数增大时机较早；而左半翼有效后掠角大，$M_{临}$ 较高（图中的 M_2），升力系数增大时机较晚。因此在跨声速前段，侧滑前翼的升力系数较侧滑后翼为大，$|C_{l\beta后掠}|$ 增大。但是，跨声速后期，侧滑前翼下表面首先出现局部激波，升力系数开始下降，而此时侧滑后翼下表面尚未出现局部激波，使侧滑后翼的升力系数有可能大于侧滑前翼的升力系数（如图中 $M_3\sim M_4$ 之间），造成不稳定作用，使 $|C_{l\beta后掠}|$ 下降。如果此时由于升力系数差造成的不稳定作用大于由于速度差形成的稳定作用，则 $C_{l\beta}$ 变为正值，飞机成为横向静不稳定，如图 4-33 所示。

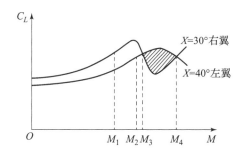

图 4-32　不同后掠角 $C_L - M$ 曲线（迎角相同）

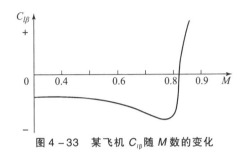

图 4-33 某飞机 $C_{l\beta}$ 随 M 数的变化

2)迎角

由于后掠翼 $|C_{l\beta}|$ 与 C_L 成正比,因此后掠翼飞机的横向静稳定性随迎角增大而增大,如图 4-34 所示。

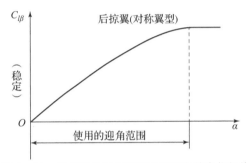

图 4-34 后掠翼的横向静定度随迎角的变化规律

4.5 飞机的纵向静操纵性

飞机除了要具有稳定性,即具有保持原定飞行状态的能力外,还必须具有改变飞行状态的能力,即具有操纵性。飞机的操纵性,通常是指飞行员操纵杆、舵,偏转平尾、副翼及方向舵后,飞机相应地改变飞行状态的特性。

与稳定性一样,操纵性也可分为静操纵性和动操纵性两部分。静操纵性是指飞机在平直飞行或稳定曲线飞行时的操纵性;而动操纵性则是指飞机对飞行员操纵的反应及跟随能力。本节主要讨论飞机的静操纵性问题。

4.5.1 纵向静操纵性

纵向静操纵性通常指垂直平面内的平飞或稳定曲线飞行时的操纵,它主要通过杆位移和杆力来掌握。静操纵性良好的飞机,要求杆位移与杆力大小适中,并且协调一致,即杆力与杆位移方向一致。

1. 平飞静操纵性

1)平飞静操纵性原理

平飞时飞行员操纵飞机改变迎角的过程，实质上是操纵力矩系数与稳定力矩系数之间矛盾斗争的过程。如图4-35所示，飞机原来处于平衡状态，飞行员向后拉杆，平尾前缘下偏，飞机产生一个操纵力矩系数增量 $\Delta C_{m操}$，使飞机迎角增大，由于迎角增大，飞机焦点上产生一个升力系数增量 ΔC_L，从而产生一个使机头下俯的稳定力矩系数增量 $\Delta C_{m稳}$。当迎角逐渐增大时，$\Delta C_{m稳}$ 也逐渐增大。迎角增大到一定程度时，稳定力矩系数与操纵力矩系数增量相等，飞机在新的迎角下取得新的平衡。其平衡关系为

$$\Delta C_{m操} + \Delta C_{m稳} = 0$$

推杆减小迎角的过程与此类同。

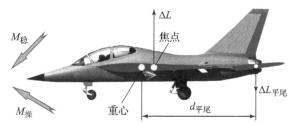

图4-35 平飞静操纵性原理

2)平尾偏角随升力系数及表速的变化关系

飞机平飞时，各纵向力矩系数必须保持平衡，即 $C_m = 0$，把式（4-13）、式（4-17）代入，则可得

$$C_m = C_{m0无尾} - k_q A C_{L\alpha 平尾}(\alpha_0 + \varphi) - C_L(\bar{x}_F - \bar{x}_G) = 0 \quad (4-37)$$

令

$(C_{m0})_{\varphi=0} = C_{m0无尾} - k_q A C_{L\alpha 平尾} \cdot \alpha_0$ （$\varphi=0°$时的零升力矩系数，后而将用 C_{m0} 代之）

$C_{mC_L} = -(\bar{x}_F - \bar{x}_G)$ （全机迎角静稳定度）

$C_{m\varphi} = -k_q A C_{L\alpha 平尾}$ （平尾效能）

于是式（4-37）可改写为

$$C_m = (C_{m0})_{\varphi=0} + C_{m\varphi} \cdot \varphi + C_{mC_L} \cdot C_{L\varphi=0} = 0 \quad (4-38)$$

现代飞机的平尾面积较大，因此，平尾偏转后，不仅影响全机的力矩，而且影响全机的升力，此时

$$C_{L平飞} = C_{L\varphi=0} + C_{L\varphi} \cdot \varphi$$

所以

$$C_{L\varphi=0} = C_{L平飞} - C_{L\varphi} \cdot \varphi \quad (4-39)$$

因为 $M_{平尾} = -L_{平尾} \cdot d_{平尾} = -L^{\varphi}_{平尾} \cdot \varphi d_{平尾}$，化成系数，并对 φ 求导，可得

$$C_{m\varphi 平尾} = -C_{L\varphi 平尾} \overline{d}_{平尾} \quad (4-40)$$

式中，$\overline{d}_{平尾} = \dfrac{d_{平尾}}{c_A}$。

由此可得

$$C_{L\varphi} \approx C_{L\varphi 平尾} = -\frac{C_{m\varphi}}{\overline{d}_{平尾}} \quad (4-41)$$

将式（4-41）代入式（4-39），得

$$C_{L\varphi=0} = C_{L平飞} + \frac{C_{m\varphi} \cdot \varphi}{\overline{d}_{平尾}} \quad (4-42)$$

代入式（4-38），则得

$$C_{m0} + C_{m\varphi} \cdot \varphi + C_{mC_L}\left(C_{L平飞} + \frac{C_{m\varphi}}{\overline{d}_{平尾}}\varphi\right) = 0$$

由此可得

$$\varphi = -\frac{C_{m0} + C_{mC_L} \cdot C_{L平飞}}{\left(1 + \dfrac{C_{mC_L}}{\overline{d}_{平尾}}\right)C_{m\varphi}} \quad (4-43)$$

或

$$\varphi = -\frac{C_{m0} + C_{mC_L}\dfrac{2G}{\rho_0 V_{表}^2 S}}{\left(1 + \dfrac{C_{mC_L}}{\overline{d}_{平尾}}\right)C_{m\varphi}} \quad (4-44)$$

由式（4-43）、式（4-44）可见：

①平尾偏角由两部分组成，一部分是克服零升力矩所需偏角（前项），一部分是克服升力力矩所需偏角（后项）。

②低速时，C_{m0}、C_{mC_L}、$C_{m\varphi}$ 都为常数，因此平尾偏角 φ 与 C_L 成正比，与表速平方成反比，如图 4-36 和图 4-37 所示。

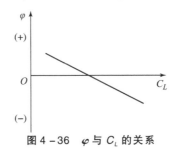

图 4-36　φ 与 C_L 的关系

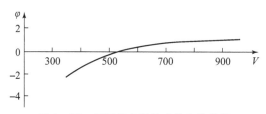

图 4-37 平尾偏角随速度的变化曲线

因为图 4-36、图 4-37 表示了平尾偏角与 C_L 及 $V_表$ 的平衡关系,所以又称平尾偏角平衡曲线。

③ 考虑压缩性影响时,式(4-44)可写成

$$\varphi = -\frac{C_{m0} + C_{mC_L}\dfrac{2G}{KpM^2 S}}{\left(1 + \dfrac{C_{mC_L}}{d_{平尾}}\right)C_{m\varphi}} \qquad (4-45)$$

式中,C_{m0}、$C_{m\varphi}$、C_{mC_L} 在给定 M 数下均为定值。可见,φ 与 M 数有一一对应关系。此时平尾偏角随速度的变化特性,改为由平尾偏角随 M 数的变化曲线来表示(图 4-37)。

④ 平飞静操纵性与静稳定性有密切关系。由于 $\dfrac{C_{mC_L}}{d_{平尾}}$ 值很小,$1 + \dfrac{C_{mC_L}}{d_{平尾}} \approx 1$,所以可将式(4-43)对 C_L 求导,得

$$\frac{\mathrm{d}\varphi}{\mathrm{d}C_L} = -\frac{C_{mC_L}}{C_{m\varphi}} \qquad (4-46)$$

通常 $C_{m\varphi} < 0$。这样 $\dfrac{\mathrm{d}\varphi}{\mathrm{d}C_L}$ 的符号完全取决于 C_{mC_L} 的符号。

当 $C_{mC_L} < 0$ 时,$\dfrac{\mathrm{d}\varphi}{\mathrm{d}C_L} < 0$。即增加迎角时,必须拉杆减小平尾偏角。这种操纵符合飞行员的生理习惯,因此属于正常操纵。

当 $C_{mC_L} > 0$ 时,$\dfrac{\mathrm{d}\varphi}{\mathrm{d}C_L} > 0$。即增加迎角时,必须推杆以增大平尾偏角。这种操纵是反常操纵,是飞行员所不欢迎的。

当 $C_{mC_L} = 0$ 时,$\dfrac{\mathrm{d}\varphi}{\mathrm{d}C_L} = 0$,是正常操纵与反正常操纵的临界点,此时增加迎角,无须动杆(这是指平衡情况,实际操纵时,必须先拉杆以产生抬头力矩,然后回杆至原位置)。

3)影响平飞静操纵性的因素

(1)重心位置

重心位置的移动会引起 C_{mC_L} 的变化，从而引起平尾偏角 φ 的变化。重心前移，对应于同一速度的平尾下偏角增大，这是因为重心前移，$|C_{mC_L}|$ 增大，升力力矩增大，需要的操纵力矩也随之增大。

平尾偏角的变化，也必然引起杆位移的类似变化。而对于平尾操纵系统装有无回力助力器的飞机，杆力也会引起同样的变化（图 4-38）。

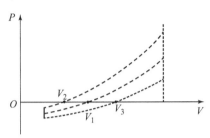

图 4-38　平衡速度对杆力的影响

（2）高度

高度升高，大气压力降低，对于同一平飞 M 数的动压 $\left(q=\dfrac{1}{2}KpM^2\right)$ 下降。为了保持升力等于重力，对应的迎角和升力系数必须大一些。因此要求驾驶杆位置相对靠后些，平尾下偏程度多一些，如图 4-39 所示。

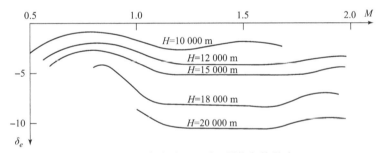

图 4-39　高度对平飞时平尾偏角的影响

相应的杆位移也随之发生类似的变化，如图 4-40 所示。

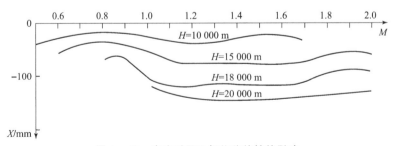

图 4-40　高度对平飞杆位移特性的影响

2. 曲线飞行静操纵性

1) 曲线飞行静操纵性原理

曲线飞行与平飞不同，在其操纵过程中，不仅存在着操纵力矩与稳定力矩之间的矛盾，而且还存在着操纵力矩与阻尼力矩之间的矛盾。

从图 4-41 可见，飞机做曲线运动时，轨迹向上弯曲，速度方向不断变化。由于飞机具有保持迎角不变的趋势，势必以同一速度 q 不断绕其横轴转动，在转动过程中，飞机要产生抵抗转动的阻尼力矩。因此，由平尾偏转而产生的操纵力矩，不仅要克服稳定力矩，而且还要克服阻尼力矩。在角速度达到稳定状态时，其平衡关系式为

$$\Delta C_{m操} + \Delta C_{m稳} + \Delta C_{m阻} = 0 \quad (4-47)$$

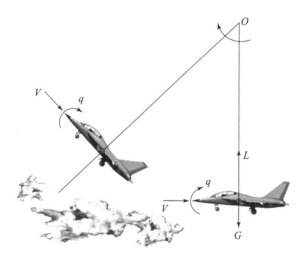

图 4-41　稳定曲线飞行

这就是说，操纵力矩一部分与稳定力矩平衡，而另一部分则与阻尼力矩平衡。所以曲线飞行中，为改变同样多的迎角，杆位移需要大一些，这就是特技飞行中需要杆位移较大的原因之一。

2) 曲线飞行中的阻尼力矩

俯仰阻尼力矩主要是由平尾提供的。如图 4-42 所示，当机头向上转动时，平尾迎角因机头转动而增大 $\Delta \alpha_{平尾}$，由此产生向上的附加升力 $\Delta L_{平尾}$，对重心形成阻止机头继续向上转动的力矩，即阻尼力矩。反之，当机头向下转动时，平尾附加升力对重心形成阻止机头向下转动的阻尼力矩。

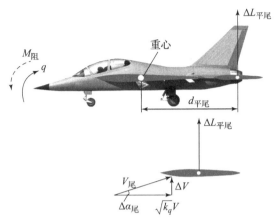

图 4-42 俯仰阻尼力矩的产生

阻尼力矩的强弱,通常用阻尼力矩系数 $C_{m阻}$ 对相对角速度 q 的导数 C_{mq}(简称俯仰阻尼力矩导数)来表示,即

$$M_{阻} = C_{mq} \cdot q \frac{1}{2}\rho V^2 S c_A \tag{4-48}$$

由式(4-48)可知,要求阻尼力矩,首先必须知道相对角速度 q 的大小。

(1) 稳定曲线飞行中的 q

稳定曲线飞行是指飞机在垂直平面内以等速 V 及等角速度 q 做稳定飞行,如图 4-41 所示,此时,飞机曲线运动的向心力为

$$F = L - G = G(n_z - 1) \tag{4-49}$$

向心加速度为

$$a = \frac{F}{m} = g(n_z - 1) \tag{4-50}$$

式中,$n_z = L/G$ 为飞机的法向过载,简称过载。

又由力学原理可知,向心加速度为

$$a = Rq^2 = Vq$$

或

$$q = \frac{a}{V}$$

将式(4-50)代入,得

$$q = \frac{g}{V}(n_z - 1) \tag{4-51}$$

为了便于分析,通常采用无量纲的相对角速度

$$\bar{q} = \frac{q}{V/c_A}$$

来代替角速度 q，这样，式（4-51）可变成

$$\bar{q} = (n_z - 1)\frac{gc_A}{V^2} \tag{4-52}$$

因为

$$\frac{gc_A}{V^2} = \frac{gc_A}{2G/(\rho S C_{L平飞})} = \frac{\rho g S c_A}{2G}C_{L平飞} = \frac{C_{L平飞}}{\mu_1}$$

代入式（4-52），得

$$\bar{q} = (n_z - 1)\frac{C_{L平飞}}{\mu_1} \tag{4-53}$$

式中，$C_{L平飞} = \frac{2G}{\rho S v^2}$，为平飞时的升力系数；$\mu_1 = \frac{2G}{\rho g S c_A} = \frac{2m}{\rho S c_A}$称为飞机的相对密度，它是一个无量纲的量，其物理意义可理解为飞机本身的质量与飞机排开空气的质量之比。

（2）俯仰阻尼力矩导数

因为俯仰阻尼力矩与 C_{mq} 有关，而俯仰阻尼力矩主要由平尾提供，下面以平尾为例推导 C_{mq} 的表达式。

因为

$$\Delta L_{平尾} = \Delta C_{L平尾}\frac{1}{2}\rho V^2_{平尾}S_{平尾}$$

$$\Delta C_{L平尾} = C_{L\alpha平尾} \cdot \Delta\alpha_{平尾}$$

$$\Delta\alpha_{平尾} = \frac{\Delta V}{\sqrt{k_q}V} = \frac{d_{平尾}q}{\sqrt{k_q}V}$$

所以

$$\Delta L_{平尾} = C_{L\alpha平尾}\Delta\alpha_{平尾}S_{平尾}k_q\frac{1}{2}\rho V^2$$

$$= C_{L\alpha平尾}\frac{d_{平尾}q}{\sqrt{k_q}V}S_{平尾} \cdot k_q\frac{1}{2}\rho V^2$$

再将 $q = \frac{V}{c_A}\bar{q}$，$A = \frac{S_{平尾} \cdot d_{平尾}}{S \cdot c_A}$ 代入，并化为系数形式，可得由 q 引起的平尾升力系数增量

$$\Delta C_{L平尾} = \frac{\Delta L_{平尾}}{\frac{1}{2}\rho V^2 S} = C_{L\alpha平尾}\bar{q}\sqrt{k_q}A_{平尾} = C_{Lq平尾} \cdot \bar{q} \tag{4-54}$$

式中，

$$C_{Lq平尾} = \sqrt{k_q}A_{平尾} \cdot C_{L\alpha平尾} \tag{4-55}$$

由平尾产生的俯仰阻尼力矩系数为

$$C_{m阻尼平尾} = \frac{-\Delta L_{平尾} \cdot d_{平尾}}{qSc_A} = -\frac{\Delta L_{平尾}}{qS} \cdot \frac{d_{平尾}}{c_A} = -\frac{\Delta L_{平尾}}{qS} \cdot \bar{d}_{平尾}$$

将式（4-54）代入，得

$$C_{m阻尼平尾} = -C_{Lq平尾} \cdot \bar{q} \cdot \bar{d}_{平尾}$$

由此可得平尾的阻尼导数

$$C_{mq平尾} = \frac{dC_{m阻尼平尾}}{d\bar{q}} = -C_{Lq平尾} \cdot \bar{d}_{平尾}$$

将 $C_{Lq平尾}$ 表达式（4-55）代入，则

$$C_{mq平尾} = -C_{L\alpha平尾}\sqrt{k_q}A \cdot \bar{d}_{平尾} \tag{4-56}$$

机翼和尾翼正常式布局的飞机，机翼和机身阻尼力矩也占一定的比例，其大小取决于外形及 M 数。但是其关系比较复杂，精确计算比较困难，初步估算全机阻尼导数时，可将平尾的纵向阻尼导数乘以一个放大系数即全机的俯仰阻尼导数

$$C_{mq} = (1.10 \sim 1.25)C_{mq平尾}$$

高速小展弦比机翼或大后掠角机翼，一般取 $C_{mq} = 1.20 \sim 1.25$。

由式（4-56）可见，C_{mq} 主要随 $C_{L\alpha平尾}$ 变化而变化。由于 $C_{L\alpha平尾}$ 是随 M 数变化而变化的，因此，C_{mq} 的绝对值也将随 M 数变化而变化，而且其变化规律与 $C_{L\alpha平尾}$ 相同。

3）洗流时差与时差力矩

飞机做非定常运动，要精确分析平尾的阻尼作用，还应当考虑洗流时差所引起的时差力矩，这是因为平尾一般位于机翼的下洗气流区内，平尾升力要受下洗流的影响。

当飞机做不稳定运动时，机翼迎角随之变化，下洗角也要随之变化，但机翼产生的下洗流要经过一段时间（t），流过一段距离（$d_{平尾}$）才能到达平尾，所以平尾处下洗角的变化比机翼下洗角的变化落后一段时差（τ），其大小近似确定如下：

$$\tau = \frac{d_{平尾}}{\sqrt{k_q}v} \tag{4-57}$$

也就是说，平尾处某一 t_1 瞬间的下洗所对应的不是这一瞬间的机翼迎角所造成的下洗，而是在 τ 时刻前，即 $t_1 - \tau$ 瞬间的机翼迎角 $\alpha_{t_1-\tau}$ 所造成的下洗，在 t_1 瞬间的平尾下洗角是 $\varepsilon_{t_1-\tau} = \varepsilon_0 + \frac{d\varepsilon}{d\alpha}\alpha_{t_1-\tau}$，而不是 $\varepsilon_{t_1} = \varepsilon_0 + \frac{d\varepsilon}{d\alpha}\alpha_{t_1}$。这就是洗流时差。有了洗流时差自然出现时差力矩。比如当飞机上仰至使机翼迎角增大

时，平尾下洗角相应随机翼迎角增大而有所增加，但由于洗流时差，平尾下洗角的增加总要落后于机翼迎角的增大，所以，当时的下洗角要小一些。也就是说，平尾迎角要比计算结果大一个 $\Delta\alpha$（$\Delta\alpha > 0°$），也就多产生升力 $\Delta L_{平尾}$（$\Delta L_{平尾} > 0$），此升力对飞机重心形成下俯力矩，阻止飞机上仰。同理，当飞机下俯导致机翼迎角减小时，由于洗流时差的缘故，平尾迎角要比计算值小（$\Delta\alpha < 0°$），从而产生附加升力对飞机重心形成上仰力矩，阻止飞机下俯。这种因洗流时差而额外产生的纵向力矩，称为时差力矩。

通过上述分析可见，时差力矩的方向始终与飞机转动的方向相反，阻碍飞机的转动，所以从本质上说是一种阻尼力矩。

下面来推导时差力矩导数 $C_{m\dot\alpha}$。设在 $t = t_1$ 时刻，机翼迎角为 α_1，机翼迎角的时间变化率为 $\dot\alpha$，此时平尾下洗角是由 $t_1 - \tau$ 时刻的机翼迎角 α 所造成的。

$$\alpha = \alpha_1 - \dot\alpha\tau = \alpha_1 - \dot\alpha \frac{d_{平尾}}{\sqrt{k_q}v}$$

不同时刻机翼的迎角之差为

$$\Delta\alpha = \alpha - \alpha_1 = -\dot\alpha \frac{d_{平尾}}{\sqrt{k_q}v}$$

由洗流时差所引起的平尾迎角变化量为

$$\Delta\alpha_{平尾} = -\frac{d\varepsilon}{d\alpha}\Delta\alpha = \dot\alpha \frac{d\varepsilon}{d\alpha}\frac{d_{平尾}}{\sqrt{k_q}v}$$

平尾升力相应的变化量为

$$\Delta L_{平尾} = C_{L\alpha}\Delta\alpha_{平尾}k_q qS_{平尾} = C_{L\alpha}\dot\alpha \frac{d\varepsilon}{d\alpha}\frac{d_{平尾}}{\sqrt{k_q}v}k_q qS_{平尾}$$

$$= C_{L\alpha}\dot\alpha \frac{d\varepsilon}{d\alpha}\frac{d_{平尾}}{v}\sqrt{k_q}qS_{平尾} \qquad (4-58)$$

故时差阻尼力矩为

$$M_{\dot\alpha} = -\Delta L_{平尾} \cdot d_{平尾} = -C_{L\alpha平尾}\dot\alpha \frac{d\varepsilon}{d\alpha}\frac{d_{平尾}^2}{v}\sqrt{k_q}qS_{平尾} \qquad (4-59)$$

化成系数形式，时差阻尼力矩系数为

$$(C_m)_{\dot\alpha} = \frac{M_{\dot\alpha}}{qSc_A} = -C_{L\alpha平尾}\dot\alpha \frac{d\varepsilon}{d\alpha}\sqrt{k_q}\frac{d_{平尾}^2}{c_A v}\frac{S_{平尾}}{S} \qquad (4-60)$$

将式（4-60）对 $\dot\alpha$ 求导，可得

$$\frac{\partial(C_m)_{\dot\alpha}}{\partial\dot\alpha} = C_{m\dot\alpha} = -C_{L\alpha平尾}\frac{d\varepsilon}{d\alpha}\sqrt{k_q}\frac{d_{平尾}^2}{c_A v}\frac{S_{平尾}}{S}$$

$$= -C_{L\alpha平尾}\frac{d\varepsilon}{d\alpha}\sqrt{k_q}\frac{d_{平尾}}{v}A \qquad (4-61)$$

对比式（4-56）和式（4-61）可以看出，它们之间只差一个因子 $\dfrac{\mathrm{d}\varepsilon}{\mathrm{d}\alpha}$。对于一般亚声速飞机来说，$\dfrac{\mathrm{d}\varepsilon}{\mathrm{d}\alpha}=0.4\sim 0.6$，即

$$C_{m\dot\alpha}=(0.4\sim 0.6)C_{mq}$$

由此可见，洗流时差作用与飞机阻尼作用几乎属于同一数量级，忽略了它就可能带来相当大的误差。

4.5.2 重心前限与后限

从以上讨论可知，飞机的重心位置对飞机的纵向平衡、静稳定性和静操纵性有很大影响。飞机在飞行中，因为燃料弹药的消耗、起落架的收放、副油箱的吊挂和投放等都会引起重心位置的变化。为了避免因重心变化过多而影响飞机平衡、稳定性能与操纵性能，每类飞机都有一定的重心前限与后限的要求。

1. 重心前限

重心前限主要从以下两个方面考虑。一方面是出于对平飞静操纵性的考虑。当重心前移时，$|C_{mC_L}|$ 增加，平衡纵向稳定力矩所需的操纵力矩亦即平尾偏角增大［参看式（4-43）］。而平尾偏角受到结构和气流分离的限制，不能无限增大，因此必须提出重心前限的限制。另一方面是出于曲线飞行静操纵性（机动特性）的考虑。重心前移，产生同样的过载所需的平尾偏角要增大，为了保持良好的机动特性，保证足够的过载值，也必须对重心前限提出要求。根据这两方面的要求，确定重心前限时，应具体考虑以下各项：

（1）着陆时，除了平衡纵向力矩外，平尾还应留有一定的裕量（通常取10%）。

（2）高空、超声速飞行时，平尾偏角应保证飞机能达到预定的过载值。

（3）起飞时平尾偏角应能保证在规定速度时抬起前轮。

（4）着陆进场时，平衡纵向力矩所需杆力不超过规定值。

（5）定常拉升运动中，保证单位过载杆力不超过规定值。

设计时取其各项的最大值作为其重心前限。

2. 重心后限

重心后限也直接取决于飞机的静稳定性和静操纵性要求。但对静稳定性的要求，也往往在静操纵性中反映出来，所以重心后限通常从静操纵性角度提出。具体考虑有：

① 平飞中平尾偏角平衡曲线的斜率 $\dfrac{d\varphi}{dC_L}<0\left(\text{或}\dfrac{d\varphi}{dV}>0\right)$。

因为

$$\varphi = -\dfrac{C_{m0}}{C_{m\varphi}} - \dfrac{C_{mC_L}}{C_{m\varphi}} \cdot C_L$$

$$\dfrac{d\varphi}{dC_L} = -\dfrac{C_{mC_L}}{C_{m\varphi}} \tag{4-62}$$

要使 $\dfrac{d\varphi}{dC_L}<0$，必须具有迎角静稳定性（$C_{mC_L}<0$），也就是说重心应在焦点之前。

② 在拉升运动中，$\dfrac{d\varphi}{dn_z}<0$。为此，必须保证重心在焦点之前。

4.6 飞机的侧向静操纵性

侧向静操纵性包括方向静操纵性与横向静操纵性两个方面。方向静操纵与横向静操纵是互相影响的。本节讨论的方法是先略去其互相影响，分别加以讨论，然后讨论其相互关系。

4.6.1 方向静操纵性

方向静操纵性是指驾驶员操纵方向舵后，飞机绕立轴偏转而改变其侧滑角等飞行状态的特性。与纵向相比，此时的杆位移多变为脚蹬位移，杆力变为脚蹬力。

方向操纵有关符号规定如下：方向舵偏角 δ_r 以右偏为负，左偏为正；右脚蹬前移时，脚蹬位移与脚蹬力为负，反之为正；使方向舵右偏的铰链力矩为负，反之为正。

1. 方向操纵原理

如图 4-43 所示，飞行中驾驶员蹬右舵使方向舵右偏转一定角度，于是，在垂尾上产生向左的侧力（$C_{舵}$），并对重心形成一个使飞机向右偏转的方向操纵力矩。在偏转过程中，飞机

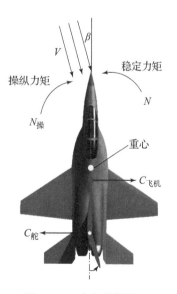

图 4-43 方向操纵原理

形成左侧滑，垂尾、机身产生向右的侧力合力（$C_{飞机}$）对重心构成稳定（左偏）力矩，其值随侧滑角增大而增大。到上述两力矩互相平衡时，飞机即保持侧滑角不变。其平衡关系为

$$方向操纵力矩 = 方向稳定力矩$$

考虑到力矩的正负号，并用系数表示，则有

$$C_{n操} + C_{n稳} = 0 \qquad (4-63)$$

某些飞机由于存在一些缺陷，产生附加的方向不平衡力矩时，这一方向不平衡力矩的作用与操纵力矩相当，使飞机产生侧滑，并因此产生方向稳定力矩。当稳定力矩与方向不平衡力矩相等时，飞机就停止偏转，并保持一定的侧滑角。因此，从侧滑角的大小可以判断方向不平衡力矩的大小。

2. 直线飞行中方向舵偏角与侧滑角的关系

因为

$$C_{n操} = C_{n\delta_r} \cdot \delta_r$$

$$C_{n稳} = C_{n\beta} \cdot \beta$$

所以，平衡状态时，方向力矩的平衡关系可改写为

$$C_{n\delta_r} \cdot \delta_r + C_{n\beta} \cdot \beta = 0 \qquad (4-64)$$

由式（4-64）可得

$$\delta_r = -\frac{C_{n\beta}}{C_{n\delta_r}} \cdot \beta \qquad (4-65)$$

式中，$C_{n\delta_r}$ 称为方向舵操纵导数。

由此可见，与纵向相似，在直线飞行中，每一个脚蹬位置，即每一个方向舵偏角，对应一个侧滑角。

3. 影响方向静操纵性的因素

1）大侧滑角的影响

由式（4-65）可知，为了得到一定的侧滑角，必须有一定的方向舵偏角，这个偏角称为方向舵平衡偏角。平衡偏角与 β 的关系如图 4-44 中曲线 a 所示。

在侧滑角不大时，平衡偏角通常比飘角大。例如，图 4-44 中，当 $\beta = \beta_1$ 时，对应的平衡偏角 $\delta_{r平1} > \delta_{r飘1}$，这就是说，为了达到预定的侧滑角 β_1，驾驶员必须在 $\delta_{r飘}$ 的基础上（在此角度上脚蹬力为零）施加一定的脚蹬力，使方向舵偏角增加 $\Delta\delta_{r1} = \delta_{r平1} - \delta_{r飘}$。这是符合正常操纵习惯的。而且，在小侧滑角时，随着 β 的增加，方向舵平衡偏角的差值 $\Delta\delta_r$ 增加，脚蹬力增加。但是，当大于某一侧滑角，例如图中的 β_2 后，随着 β 的进一步增加，虽然所需的方向

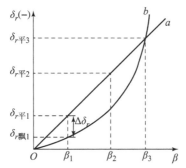

图 4-44　方向舵平衡偏角与飘角随侧滑角的变化

舵偏角（即平衡偏角）仍要进一步增加，但是需要驾驶员施加脚蹬力产生的 $\Delta\delta_r$ 却随 β（即随 δ_r）的增加而下降，因而脚蹬力要随 β（即随 δ_r）的增加而减小。如果 β 继续增大到图中的 β_3，则平衡偏角等于飘角，此时，方向舵依靠本身的气动力能自动飘至此角度，此时脚蹬力为零。方向舵在这个位置上是不稳定的。因为若有一扰动使侧滑角增加，则方向舵的飘角将大于平衡偏角，使方向舵偏角进一步加大。而这一附加偏角所产生的空气动力又促使侧滑角进一步加大，从而有可能使方向舵急剧偏至最大偏角位置。此时飞行员需用很大的脚蹬力才能改出这种不正常的侧滑状态，产生"方向舵锁紧"现象。

正常使用的飞机，其最大侧滑角已由方向舵最大偏角加以限制，因此一般不会发生"方向舵锁紧"现象。但是，某些飞机有可能在 $\beta_2 \sim \beta_3$ 阶段工作，这时就有可能产生随着方向舵偏角的增大（对应的 β 也就增大）脚蹬力逐渐下降的现象。

2）M 数的影响

随着 M 数的增加，飞行动压增大，铰链力矩增大，脚蹬力也随之增大。

超声速飞行时，由于扰动不能前传及垂尾扭转变形的影响，方向舵效能 $|C_{n\delta_r}|$ 下降，产生一定侧滑角所需蹬舵量增大；此外，高速飞机方向舵面积 $S_{方向舵}$ 及弦长 $c_{方向舵}$ 一般很大，因此铰链力矩与亚声速飞机相比有急剧增加。基于上述原因，超声速飞机方向操纵也很费力，为了解决这一矛盾，某些超声速飞机在方向操纵中也采用了助力装置。

3）方向舵与稳定面之间的间隙影响

间隙对脚蹬力影响很大。例如，间隙变小，方向舵左右的空气流通困难，均压作用降低，铰链力矩增大，脚蹬力增大；反之，间隙适当变大，方向舵左右均压作用增强，铰链力矩减小，脚蹬力减小。

4.6.2　横向静操纵性

飞机的横向静操纵性是研究飞行员操纵副翼后，飞机绕纵轴滚转而改变其滚转角速度等飞行状态的特性。

横向操纵有关的符号规定如下：左压杆时副翼偏角、压杆位移及压杆力为正，右压杆时副翼偏角、压杆位移及压杆力为负；使副翼下偏的铰链力矩为正，使副翼上偏的铰链力矩为负；副翼偏角用 δ_a 表示，压杆位移用 $x_压$ 表示，压杆力用 P_x 表示。

1. 横向操纵原理

横向操纵的基本原理如图4-45所示。当飞行员压杆偏转副翼时，因左右副翼升力差形成横向操纵力矩，因而产生滚转角加速度。滚转开始后，又产生横向阻尼力矩。与纵向一样，其横向阻尼力矩系数随角速度增大而增大。即

$$C_{l阻} = C_{lp} \cdot \bar{p} \tag{4-66}$$

式中，$\bar{p} = \dfrac{p b_w}{2V}$ 为相对角速度。

图4-45 横向操纵原理

必须注意在加速过程中，只要没有侧滑（即纯横向运动），就不会有任何稳定力矩。

因此，滚转角加速度的大小只取决于操纵力矩与阻尼力矩的差值。当滚转角速度增至一定值时，阻尼力矩与操纵力矩相平衡，角加速度消失，飞机做等速滚转，此时力矩的平衡关系为

横向操纵力矩 = 横向阻尼力矩

如果采用系数形式，并考虑其正负号，则上述力矩平衡关系式可改写为

$$C_{l\delta_a} \cdot \delta_a + C_{lp} \cdot \bar{p} = 0$$

解出 $\bar{p} = -\dfrac{C_{l\delta_a}}{C_{lp}} \cdot \delta_a$，用 $\bar{p} = \dfrac{p b_w}{2V}$ 代入，则得

$$p = -\frac{2V}{b_w} \cdot \frac{C_{l\delta_a}}{C_{lp}} \cdot \delta_a \tag{4-67}$$

由此可见，当飞行速度一定时，一个压杆位置（δ_a）对应着一个稳定滚转

角速度。压杆位移越大，稳定滚转角速度越大。这一结论显然与纵向及方向操纵的规律不同。这是由于在纵向或方向操纵中，主要是操纵力矩与稳定力矩的矛盾；而在无侧滑的滚转中，不存在稳定力矩，只是操纵力矩与阻尼力矩的矛盾。因此，横向同纵向、方向的操纵规律也各有特点，在纵向操纵中，移动驾驶杆改变的是迎角；在方向操纵中，移动脚蹬改变的是侧滑角；而在横向操纵中，左右压杆改变的是坡度。

根据上述分析，如果驾驶员要保持一定的坡度，就必须在接近预定坡度时提前回杆，消除操纵力矩。此时，横向阻尼力矩阻碍飞机继续滚转，直至滚转角速度消失。有时，驾驶员甚至要反向压点杆，以便迅速制止滚转，准确地达到预定飞行状态。

2. 大迎角时的横向反操纵现象

横向操纵飞机时，副翼下偏一边机翼的阻力通常大于上偏一边机翼的阻力。由于两边机翼的阻力不等，必然会引起飞机产生侧滑，从而影响飞机的横向操纵性能的变化。随着迎角的增大，这种不利影响越来越显著。在大迎角下，某些飞机甚至还出现横向反操纵，即反常操纵现象，即飞机向压杆的反方向滚转。其原因分析如下：

如果飞行员向右压杆，左右机翼升力差构成横向操纵力矩，迫使飞机向右滚转。但由于左副翼下偏，右副翼上偏，左翼阻力大于右翼阻力，迫使机头向左偏转，使飞机出现右侧滑。右侧滑产生后，右翼（侧滑前翼）升力增大，左翼（侧滑后翼）升力减小，从而产生与操纵力矩相反的，制止飞机向右滚转的力矩。小迎角飞行时，左右两翼的阻力相差无几，产生的侧滑角也不大，横向操纵性能较好；大迎角飞行时，左右两翼阻力之差较大，造成的侧滑角也大，横向操纵性能较差；在接近临界迎角时，机翼上出现严重的气流分离现象，偏转副翼后，左右升力相差不多，但阻力相差却很大，侧滑作用很强烈，与操纵力矩相反的滚转力矩很大，横向操纵性能很差。因而某些飞机甚至还会出现向右压杆后，侧滑产生的左滚力矩大于副翼偏转产生的右滚力矩，从而使飞机向左滚转，形成"横向反操纵"现象。

3. "蹬舵反倾斜"现象

在正常情况下，蹬左舵，飞机左倾斜；蹬右舵，飞机右倾斜。但是，某些后掠翼飞机，在跨声速飞行的一定 M 数范围内，蹬左舵，飞机反而向右倾斜；蹬右舵，飞机反而向左倾斜。这种现象称为"蹬舵反倾斜"。产生"蹬舵反倾斜"现象的原因主要有以下两点：

①目前高速飞机多具有高大垂尾，在蹬舵时，会产生向蹬舵反方向倾斜的力矩。例如，蹬左舵，方向舵向左偏转，垂尾上将产生向右的侧力，使飞机在左偏机头的同时还力图向右滚转；反之，蹬右舵，垂尾上将产生向左的侧力，使飞机左滚。

②某些后掠翼飞机在跨声速阶段，横向静稳定性下降，有时甚至出现横向静不稳定力矩。这时，蹬左舵，右侧滑，飞机在横向不稳定力矩的作用下将向右倾斜；反之，蹬右舵，左侧滑，飞机在横向不稳定力矩的作用下向左倾斜。

4.6.3 阻尼力矩和交感力矩

在飞行器横侧运动过程中，当出现绕 Ox_b 轴的滚转角速度 p 和绕 Oz_b 轴的偏航角速度 r 时，也会引起绕流不对称，产生左右不对称的气动力，即出现侧向力 C、滚转力矩 L 和偏航力矩 N。这些力矩的性质类似于存在俯仰角速度 q 引起的力和力矩。为此由滚转角速度 p 引起的横向力矩称为横向阻尼力矩，它将阻止飞行器滚转；由偏航角速度 r 引起的偏航力矩称为航向阻尼力矩，阻止飞行器偏航转动。与此同时，由于横向和航向气动力交互作用，滚转会引起偏航力矩，偏航会引起滚转力矩，这些相关力矩称为交感力矩。

这些力矩同样可用无因次力矩系数表示对角速度 r 和 p 的导数，其中 C_{nr} 和 C_{lp} 分别称为偏航和滚转阻尼导数；C_{lr} 和 C_{np} 均称为横侧交叉导数。本小节仅从物理上来说明这些力矩产生的原因以及导数的物理意义。

1. 滚转角速度 p 引起的横侧力矩

飞行器以速度 V 飞行时，如果同时绕 Ox_b 轴以角速度 p 滚转，则沿机翼、平尾和垂尾的展向都会出现线性变化的流速分布，其值与 p 和距 Ox_b 轴的垂直距离成正比（图 4-46）。这一流速分布主要改变了局部气流的流动方向，对局部气流速度的大小影响甚微，可忽略不计。由于局部气流方向的改变，使飞行器各气动部件上的压强分布也发生变化，从而产生了气动侧力和横侧力矩。在 p 值不大的情况下，可用气动导数 $C_{cp} = \partial C_c / \partial \overline{p}$，$C_{lp} = \partial C_l / \partial \overline{p}$ 和 $C_{np} = \partial C_n / \partial \overline{p}$ 来表征。式中，$\overline{p} = pb_w/(2V)$ 为无因次滚转角速度。

1）滚转阻尼力矩

从图 4-46 可知，产生滚转阻尼力矩的部件有机翼、平尾和垂尾，其中机翼是主要的。

飞行器以正角速度 p 滚转时，其机翼展向各剖面局部迎角出现线性的反对称变化，迎角变化量近似表示为

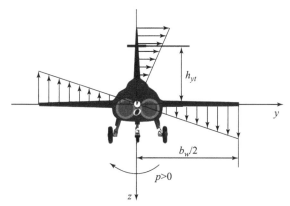

图 4-46　滚转角速度引起的飞机各点附加流速分布

$$\Delta\alpha(y) = \frac{py}{V} \tag{4-68}$$

结果使右翼有效迎角增大，升力增加；左翼有效迎角减小，升力减少，从而构成负的滚转力矩，阻滞飞机滚转。其滚转阻尼导数为 $C_{lp} < 0$。

同理，平尾和垂尾在飞行器滚转时也产生滚转阻尼力矩。表 4-1 所示为某机滚转阻尼导数的计算结果，可以了解飞行器各部件在全机滚转阻尼力矩中的影响程度。

表 4-1　某机各部件的滚转阻尼系数

滚转阻尼导数	全机	机翼	垂尾	其他
C_{lp}	-0.426	-0.419	-0.004 8	-0.002 2

可以看出，该机的机翼阻尼导数占总阻尼导数的 97%。目前，高速飞行器由于采用小展弦比机翼布局，滚转阻尼力矩会显得不足，从而影响飞行器横侧动态特性。

2) 偏航交感力矩

滚转引起的偏航交感力矩主要由机翼和垂尾引起。其机翼的作用是，当飞行器以正角速度 p 滚转时，随着左右翼迎角的变化，也会引起阻力的变化。当机翼存在前缘吸力时，左右两半翼升力、阻力在 Ox_b 方向投影不等，从而产生偏航力矩，如图 4-47 所示。$p > 0$ 时，右半翼局部迎角加大，升力向量前倾。在 Ox_by_b 平面内有向前的 x 分量 $L_{右}\sin\Delta\alpha_{右}$；左半翼局部迎角减小，升力向量后仰，在 Ox_by_b 平面有向后的分量 $L_{左}\sin\Delta\alpha_{左}$，形成负的偏航力矩。同时，迎角增大的右半翼型阻也大，迎角减小的左半翼型阻也小，其在 Ox_by_b 平面内的分量形成正的偏航力矩。由于上述两项偏航力矩作用相反，所以机翼由于滚转产

生的交感导数 $C_{np机翼}$ 值可正、可负，视具体情况而定。但当前缘吸力不存在时（如超声速前缘或选用尖前缘剖面），升力向量就始终垂直翼面，这时左右两半翼升、阻力在 Ox_by_b 平面的分量均形成正的偏航力矩，即 $C_{np机翼}>0$。

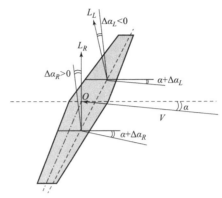

图 4-47　滚转角速度 p 引起的偏航力矩

由图 4-47 可以看出，$p>0$ 时，垂尾的附加速度向左，引起正的侧滑角 $\beta_{垂尾}=\dfrac{ph_{垂尾}}{\sqrt{k_q}V}$，产生的附加气动侧力绕 Oy_b 轴形成正的偏航力矩，即其交感导数 $C_{np垂尾}>0$。超声速飞机由于采用大垂尾，甚至双垂尾，对全机的 C_{np} 影响相对增大。同样将某机的 C_{np} 计算结果列于表 4-2 内。

表 4-2　某机各部件偏航交感导数

交感导数	全机	机翼	垂尾	其他
C_{np}	0.001 8	-0.023	0.024	0.000 8

2. 偏航角速度 r 引起的横侧力矩

当飞行器以迎角 α、速度 V 飞行时，如同时绕 Oz_b 轴以角速度 r 转动，则机翼、机身、平尾和垂尾上都会出现线性变化的相对流速分布，其值与 r 和距 Oz_b 轴的垂直距离成正比，如图 4-48 所示。

这一附加流速改变了各气动部件的流态，从而影响其压强分布，产生气动侧力和横侧力矩。在 r 值不大的情况下，可用气动导数 $C_{cr}=\partial C_c/\partial \bar{r}$，$C_{lr}=\partial C_l/\partial \bar{r}$ 和 $C_{nr}=\partial C_n/\partial \bar{r}$ 来表征，其中 $\bar{r}=rb_w/(2V)$ 为无因次偏航角速度。

1) 偏航阻尼力矩

通常垂尾是产生偏航阻尼力矩的主要部件。机翼作用所占比例比垂尾的要小得多，但在大迎角时不能忽略。机身和平尾部分的作用一般可以忽略。

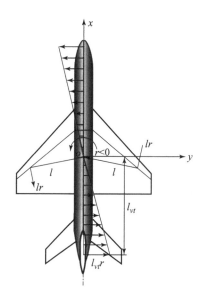

图 4-48　偏航角速度引起的飞机各点附加流速分布

r 的存在，使左右两半翼气流速度改变。离 Oz_b 轴垂直距离 l 处的速度改变量为 $\Delta V = rl$。左偏航转动时 $r<0$，右半翼气流速度增加，左半翼气流速度减小，使右半翼阻力大于左半翼阻力，从而产生正的偏航力矩，阻止飞行器绕 Oz_b 轴转动。其偏航阻尼导数 $C_{nr机翼}<0$。

而垂尾处出现向右的侧向相对气流，形成正的侧滑角 $\Delta\beta_{垂尾}$，其平均值可表示为

$$\Delta\beta_{垂尾} = -\frac{rl_{垂尾}}{\sqrt{k_q}V} \tag{4-69}$$

从而产生向左的侧向力和相应的正偏航力矩；同样，阻尼飞行器绕 Oz_b 轴转动，其偏航阻尼导数 $C_{nr垂尾}<0$。飞行器总的偏航阻尼导数应是这两部分之和。表 4-3 列出了同一飞机的偏航阻尼导数的计算结果。

表 4-3　某机各部件的偏航阻尼导数

偏航阻尼导数	全机	机翼	垂尾	其他
C_{nr}	-0.146	-0.002	-0.143	-0.001

2）滚转交感力矩

偏航引起的滚转交感力矩，主要也是由机翼和垂尾引起的。当飞行器以负的角速度 r 旋转时，随着左、右两半翼气流速度的变化，也会引起其升力变

化。右半翼升力将大于左半翼的升力，从而形成负的滚转力矩，其值显然与升力系数 C_L 有关。当 $C_L = 0$ 时，两半翼流速即使不等，也不致引起滚转力矩。此时，机翼的滚转交感力矩导数 $C_{lr机翼} > 0$。

同时，垂尾处形成的侧滑角产生负的侧向力，形成绕 Ox_b 轴的左滚转力矩，因此垂尾的滚转交感力矩导数 $C_{lr机翼} > 0$，与机翼的作用是一致的。

全机的 C_{lr} 应是以上两部分之和。表 4-4 列出了某机的滚转交感力矩导数的计算结果。

表 4-4 某机各部件的滚转交感力矩导数

滚转交感力矩导数	全机	机翼	垂尾	其他
C_{lr}	0.065	0.039	0.024	0.002

习 题

1. 什么叫平衡？平衡的条件是什么？以纵向平衡为例说明。
2. 什么叫焦点？与压力中心有什么区别？全机焦点如何确定？
3. 为什么平尾迎角不等于机翼迎角？写出平尾迎角与机翼迎角之间的关系式。
4. 什么叫飞机的稳定性？
5. 什么叫迎角静稳定性？迎角静稳定的条件是什么？
6. 什么叫飞机的速度静稳定性？
7. 试说明飞机出现"自动俯冲"现象的原因。
8. 什么叫方向静稳定性和横向静稳定性？
9. 方向静稳定的条件是什么？具有方向静稳定的飞机能不能保证飞行方向不变？为什么？
10. 试说明 M 数和迎角对方向静稳定性的影响。
11. 横向静稳定的条件是什么？
12. 什么叫飞机的操纵性？
13. 试说明直线平飞的静操纵原理。
14. 试说明重心位置对平飞操纵性有何影响。
15. 试说明重心位置对曲线飞行操纵性有何影响。
16. 试说明稳定曲线飞行的操纵原理以及与平飞操纵原理有何不同。
17. 俯仰阻尼力矩是如何产生的？C_{mq} 的含义是什么？都受哪些因素影响？

18. 试说明方向操纵原理及直线侧滑中方向舵偏角与侧滑角的关系。
19. 试说明影响方向静操纵性的因素。
20. 横向操纵与纵向、方向操纵原理有什么不同?
21. 什么是横向反操纵现象?横向反操纵现象的原因是什么?
22. 什么叫蹬舵反倾斜现象?产生蹬舵反倾斜现象的原因是什么?

第 5 章
飞行动力学的建模与仿真

飞行性能模拟系统数学模型的建立是飞行实时仿真系统的基础，也是仿真系统逼真程度的关键所在。为此，要花较多的精力去研究和建立飞行性能模拟系统仿真模型。而建模的基本原则是要符合客观事物的规律，因此飞行动力学仿真数学模型的建立是严格以飞机的飞行动力学原理为基础的，使其尽可能地复现真实的飞机飞行性能。本章首先介绍有关数学模型的基本概念、飞行性能模拟系统仿真模型的组成和各模块的功能，然后阐述数据预处理、函数生成以及仿真数据库技术，最后介绍飞行性能模拟系统数学模型的建立方法。

5.1 飞行性能模拟系统仿真模型的建模方法与组成

5.1.1 数学模型及其建模过程

1. 定义

数学模型是描述实际系统内外部各变量间相互关系的数学表达式。这种表达式主要包括数值表达式和逻辑表达式。常量、变量、函数、方程、不等式、并集、交集、图形、表格、曲线、序列以及程序等都是数学模型的重要形式。

应该指出,合理的数学模型应是能够正确反映系统表征和特性的最简数学表达式。

2. 一般描述

假定系统 S 的数学模型是取决于某个输入或强制函数 u 而产生输出 $y_s(u)$ 的一组数学模型 S_M,而 S_M 同样取决于产生输出 $y_M(u_M)$ 的输入 u_M,那么,对于模型 S_M 理想化的代表系统 S,则有

$$y_s(u) = y_M(u) \tag{5-1}$$

这就是说,对系统 S 和模型 S_M 输入同样的函数 u 将获得相同的输出。

但是,实际上任何理想化的数学模型都不可能无误差地描述实际系统,因

此，式（5-1）仅是一个近似式。于是有

$$y_s(u) = y_M(u) + \varepsilon(u) \qquad (5-2)$$

式中，$\varepsilon(u)$ 为模型描述误差。

可见，任何实际系统所得到的数学模型都将是一个被简化的近似数学模型。

通常，对于连续系统，其简化数学模型一般采用线性常微分方程、传递函数或状态空间表达式来描述。如果系统为分布参数，数学模型将是偏微分方程。对于具有非线性特性的连续系统，其数学模型通常是非线性偏微分方程（组）。

如果系统中包含数字机或数字元件，或者是离散事件系统，那么描述系统的简化数学模型一般是差分方程、时间序列、Z 传递函数、逻辑式、概率分布函数、网络图等。

就其描述方法而言，上述数学模型统称为形式化模型。此外，还有非形式化模型，它的描述包括4部分，即描述变量、分量、相互关系和假设说明。非形式化模型是数学模型的最初形式，最终将发展成为形式化模型。

3. 数学建模过程

所谓数学建模，是确定系统的模型形式、结构和参数，以得到正确描述系统表征和性状的最简数学表达式。

数学模型的建立是一个创造性的科研过程。虽然没有固定程式可循，但是必须遵守以下几条基本原则：

①必须满足对数学模型的精确性、简明性、层次性、多用性、可靠性及标准化等一般要求。

②建模时需经常考虑，模型功能是否满足所研究问题的需要；在满足需要的条件下，模型形式是否合理、经济；模型是否容易实现；模型运转是否稳定；是否可以达到预期的精度要求；等等。

③为了缩短建模周期，获取高质量的数学模型，必须合理选择建模方法。目前，数学建模方法可归结为三大类：机理分析法、实验辨识法和定性推理法。实际工程中的具体数学建模方法已有数十种，其中计算机辅助建模越来越多地被采用，图5-1给出了这种方法的流程。图中，c 表示对象典型特征（character），p 表示构造模型（pattern）。

④系统数学模型的建立过程一般是：观察和分析实际系统——提出问题——作出假设——系统描述——构筑形式化模型——模型求解——模型有效性分析（包括模型校核、验证与确认）——修改模型（往往是多次地）——最终确认——有效后验模型——模型使用（必要时需要进一步修改）。经过上述一

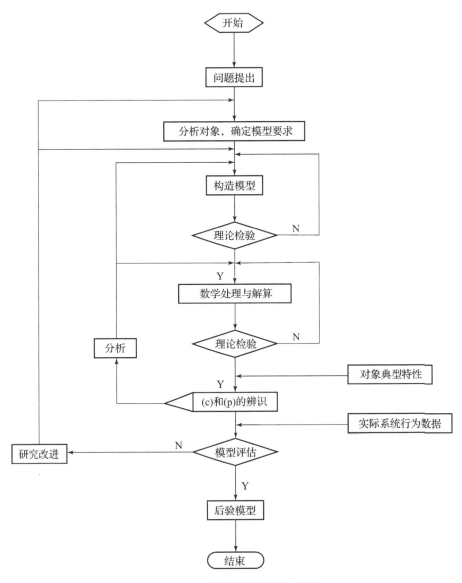

图 5-1 现代数学建模计算机流程

系列过程，所得到的模型才可能是有用的模型，而利用这种模型进行仿真研究或做其他用途才能保证是可靠的，所得到的模型结论也才能反映实验系统结论。

5.1.2 模块化、层次化建模方法

飞行实时仿真系统的数学模型是繁杂的，建模时需采用条理清晰的模块化、层次化设计方法。划分模块是仿真系统软件设计的重要环节，划分模块应

遵循以下原则：

①按物理系统划分。飞行模拟器除飞行动力学建模外，还需要建立发动机系统、飞行控制系统、导航系统、液压系统、燃油系统等的数学模型。每个系统可以划分为若干子系统，每个子系统由若干个模块组成。按物理系统划分的模块结构如图5-2所示。

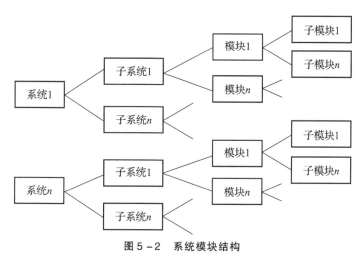

图5-2 系统模块结构

②按功能划分。例如，飞行模拟器中的飞行控制系统建模可以按功能划分为纵向控制回路和侧向控制回路。而纵向控制回路或侧向控制回路又可分为姿态内回路和轨迹外回路，如图5-3所示。

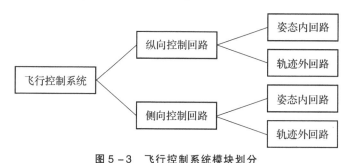

图5-3 飞行控制系统模块划分

③按信号传输的输入、输出划分。任何一个模块都应具有独立的输入和输出，以便于软件调试和查错。

④按响应频带划分。仿真系统包含不同响应频带的动态过程，有时可按响应频带划分模块。

⑤模块应具有独立性，模块之间的交联信息应尽量少。

⑥建立共性的通用模块，为各个系统调用。

5.1.3　飞行系统仿真模型的组成

飞行实时仿真系统数学模型由以下部分组成，并具有一定的特点：

①飞行动力学模型，采用六自由度非线性全量运动方程，气动弹性的影响可以采用在运动方程中增加弹性自由度，也可以用修正系数法在气动系数中计入。该模型具有高阶多变量非线性时变特性。

②飞机系统仿真模型，包括发动机系统、操纵系统、导航系统、自动飞行系统、仪表系统、液压系统、燃油系统、电源系统等。这类模型具有各种逻辑控制，并直接与各种开关和显示器连接。

③环境仿真模型，如运动系统、视景系统、音响系统和操纵负荷系统等。环境仿真模型建模时必须考虑与人体生理特性相适应，考虑人体感觉的最低门限和分辨率及对不同信号的敏感程度。环境仿真模型由飞行仿真模型的运行结果实时驱动，必须考虑由于时间滞后、视觉仿真和动感仿真可能带给飞行员的不适反应以及在模型中进行补偿和调整的方法。

由于飞行模拟器是人在回路中的仿真，其仿真软件也具有一定的特点。飞行动力学系统仿真软件包括通用模块（如"运动方程"）和特殊模块，并且把大量数据与模型分离，以便于调试、修改和更换仿真对象。在将物理模型转换成仿真模型时，必须合理处理精度与实时性的矛盾，在积分算法的选取、迭代周期的确定上，在满足实时性的前提下，尽可能提高精度，按多种速率调度各种模块的方式进行管理和运行。另外，实时仿真系统中包含各种仿真设备，必须通过接口（模/数、数/模、开入、开出等）输入控制信号和输出显示及驱动信号。接口及相应硬件的精度直接影响整个系统仿真的逼真度。实时仿真管理软件涉及任务分配、调度、I/O控制、多处理器间通信等，它将各类仿真软件以及仿真设备的输入、输出，协调组合成一个实时运行的整体，该系统管理软件的调度、时序安排是否合理也是影响仿真逼真度的一个重要环节。

5.2　数据预处理及函数生成

建立飞行模拟器往往要用到大量的飞机气动数据，这些数据在进行运算时需要进行预先的必要处理。

5.2.1 通用数据预处理方法

随着仿真技术的发展，研制飞行模拟器所需要的数据规模越来越大，结构也越来越复杂。《飞行模拟器设计与性能数据要求》手册中列出了所需要的数据近700项，达几十万、上百万个数据。在飞行模拟器软件系统设计中，数据预处理和数据插值运算占据重要地位，同时其插值运算在整个软件系统计算中占很大比例，因此研究快速插值结构对整个飞行模拟器实时性的实现具有十分重要的意义。此外，研究通用的数据预处理过程，对增强软件的可重用性、实现模拟器软件的模块结构和缩短新型号研制周期等也有很大的价值。本小节以飞行模拟器气动数据预处理为例，叙述通用数据预处理方法和函数生成技术。

飞行模拟器的气动数据在飞行模拟器所用数据中占较大比例，这些数据本质上由一系列多元函数离散节点数据列表组成，其自变量是传送于各计算模块之间的基本飞行参数。所谓气动数据的插值预处理，即在飞行仿真中的某一时刻，根据传来的基本飞行参数，由气动数据表经插值运算获得计算飞机气动特性所需要的气动导（系）数值。不同飞机其自变量有数十个，而因变量由飞机型号不同而由几十个至数百个不等。因变量通常为自变量的一维、二维、三维或多维函数。

函数生成运算的时间主要用在插值程序中查找区间号和插值运算上，而前者居主要地位。这些数据列表中，同一自变量在不同的变量列表中采样间隔不一定等长。因此在传统的预处理插值中，每对一个变量求值，都需重新对其自变量的区间号进行查找，这就大大增加了运行时间。同时，数据列表的不规则也给函数生成程序的通用化带来困难。为此，可在使用源数据文件之前，先对其进行离线的规整化，规整化过程如下：

①提取出数据列表中所有的自变量，并根据自变量对列表中的多元函数进行统一分类。

②确定每一自变量的变化范围，并根据一定的精度要求选定其统一的量化区间数和间隔。

③对分类后的每一多元函数列表，采用某一拟合算法（如样条曲线或多次曲线）进行拟合，再将其按统一的自变量量化间隔进行离散化，从而得到统一的多元列表。函数生成对规整化后的数据列表进行即可。由于规整化后的数据列表已有统一的格式，因此在进行每一次函数生成时，只要首先一次性确定完所有自变量的区间即可；同时由于列表的格式一致，因而相应的函数生成程序也可以一致。其中，变换后的自变量取原列表中对应自变量的两端点（通常为一致）为端点，最大区间数为其区间数进行等距划分（或用以最小区间

长为区间长进行等距划分)。

以上所有变换所带来的优点有：

① 同一自变量在不同的变量列表中的区间分法是一致的，因此在进行一次对所有变量的插值运算时，只需对所有的自变量一次查完区间号即可，列表结构同时得到简化。

② 由于原列表中各自变量区间分法不一致，经过极大化同一处理后，在生成转换后的列表中所采用的插值可用高阶的插值算法离线得到；同时，部分列表由于结点区间数增多，即区间变小，使其拟合精度得到提高。

③ 采用保留区间法时，只需保留一次所有自变量的本次区间号即可，从而简化了变量管理。所有这些改进不但使预处理的结构大为简化，数据的管理也十分简单与清晰；同时，由于查表次数大大减少，而插值精度却部分地有所提高；另外，系统所要管理的列表个数也减少。只是因一些列表的区间数增多，就整体而言数据量略为增大，但这是必要的结果，同时随着计算机存储技术的发展，其所带来的反面影响可以不予考虑。实际上由于采用了压缩技术，数据量增多不十分明显。

5.2.2 通用函数生成处理

由于规整化后的数据文件有统一的格式，同时数据文件包含了气动数据预处理所需要的所有信息，因此可以构造一个翻译器，由某一型号飞机提供的数据文件直接生成飞行模拟器系统软件中的气动数据预处理与插值子模块以及局部数据管理模块。其结构如图5-4所示。

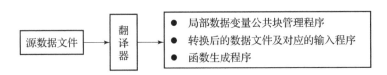

图5-4 通用函数生成处理结构

所生成的文件，如函数生成程序，正是飞行系统中的预处理模块所需要的。整体联调时，直接将这些文件链入编译即可。

数据经预处理后，很重要的一点是插值运算的合理安排问题。根据飞机飞行过程的特点，可对函数生成系统中的函数进行归类。首先，根据参量变化的特点可进行多速率调度，即将计算过程分成若干类，使函数的插值运算分别以全速率、1/2速率、1/4速率、1/8速率等方式进行；另外，由于某些参量只在飞行过程中的某些阶段才起作用，因此可将飞机的一次完整的飞行过程分成若干阶段（如起飞、爬升、巡航、进场、着陆等），根据不同阶段的特点合理安排函数的生成。这样，就要求在提供源数据列表时，同时还要标识出各个函数的上述两个特点。

5.3 飞行仿真数据库

建模是研究飞行实时仿真系统的关键，而建模的基础是仿真对象的原始数据，数据是仿真软件的重要组成部分。除了原始数据之外，各分系统之间以及分系统内部模块之间都存在大量数据信息交换。程序运行结果又将获得各种数据去驱动控制回路或显示设备。因此数据的结构形式和管理是研制飞行实时仿真系统的关键技术之一。

5.3.1 数据库总体结构及管理

数据库是由一系列随机存取文件和辅助数据文件所组成的。飞行实时仿真系统数据库通常由数据表系统、数据存储池、公共变量区与符号字典等部分组成，如图 5-5 所示。

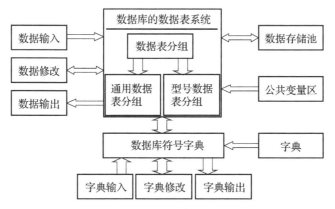

图 5-5 飞行实时仿真系统数据库的总体结构

数据表系统包含所有常数和变量名以及仿真程序所应用的有关数据，这些数据包括所有输入/输出变量和所有分系统之间的交链量以及各分系统内部模块的交链量。所有这些数据可以根据所属系统进行分类，形成分组数据，而分组数据的集合就构成了整个数据库的数据表系统。每个分组可以是一个独立存取的数据表，也可以由一系列子组构成，并应用数据库提供的数据格式转换功能，将多种原始数据进行转换并以特定的数据表形式存放。数据表系统是整个数据库系统的核心，它是由一系列数据表及其索引构成的。根据飞机型号可划分为通用数据和型号专用数据表。按功能可将数据分为三大类：其一为飞机原始数据；其二为用于实时检测与评估的试飞数据和风剖面等通用数据；其三为实时仿真结果数据，包括各系统生成的结果及大量的交链数据。数据表系统的结构如图 5-6 所示。

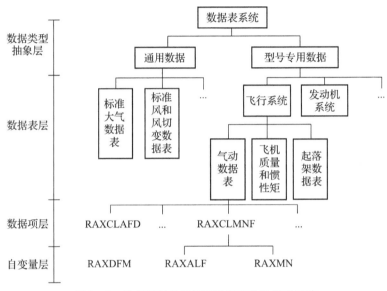

图 5-6　飞行实时仿真系统数据库的数据表系统

　　整个数据表系统自上而下呈树状分布，分支结构具有 4 个层次，即数据类型抽象层、数据表层、数据项层和自变量层。通过对数据表逻辑层设计和物理层设计可以得到数据表系统的层次数据模型及其基本数据结构，并以此建立相关的数据模型。

　　符号字典是数据库与模型库的接口。实时仿真程序模块之间的数据传递是通过全局符号变量和公共数据区实现的，因此必须通过建立符号字典来统一管理。符号字典管理系统是对符号字典进行统一管理和操作的系统，包括对字典和符号表的各项操作和安全管理。同样它也涉及数据处理、数据恢复、安全性和完整性等方面的要求。打开符号字典管理系统后，对符号对照表的操作可分为表操作和记录操作两类。另外，在飞行实时仿真系统的数据库中含有多种不同类型的飞机型号数据，每种型号中都有一套自身早已定义并使用的符号系统，而每一种符号系统存在着或大或小的差异，这样不利于整个飞行仿真系统的调度和数据的传送，也不利于系统调试和跟踪。因此，必须建立一套完善的符号字典来衔接各个相关的模块。模型库与调试环境对数据的访问就是符号字典提供的数据接口，模型库无须知道数据库的内部结构，只要了解数据的外部表征，通过数据的符号名就可获取所需的数据。因此对数据库来说符号字典是数据库与应用软件之间数据传输的通道，其对整个数据库起着封装作用。

飞行仿真数据库管理系统是整个数据库系统的一个重要组成部分，它允许一个或多个用户对数据库中的数据提出请求（包括查询、修改和删除等），并以合乎使用者要求的格式提供给用户。它是由原始数据格式转换子系统、数据管理子系统、符号字典管理子系统和系统管理4部分组成的，如图5-7所示。

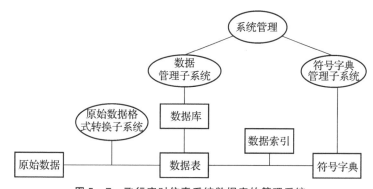

图5-7　飞行实时仿真系统数据库的管理系统

当建立包含多种飞机型号的数据库时，每种型号的原始数据格式各不相同，甚至在同一型号内部，多种数据格式同时并用的现象也很普遍。因此，为使各类飞行仿真数据能有效地被本数据库使用，必须首先建立一套规范的数据库格式。这样既增加了数据的通用性，又有利于数据的交流和使用，同时也降低了数据管理系统的复杂性。按照上述飞行实时仿真系统数据库的结构和层次关系，数据管理系统从上而下以系统划分数据。每一个系统分组构成一个独立的基本数据子库，基本数据子库由一个或多个数据表构成，它分属于相关的型号数据库和通用数据库。整个数据管理系统包括数据库和数据表的操作及数据管理。

为了便于识别数据库中数据的类型和具体数据输入中自动分组，可采用"符号字典"，并对其数据项、变量名按一定规则统一命名。

5.3.2　数据文件类型

飞行模拟器数据库文件包括各分系统软件所需要的数据。概括地说有以下几大类型的数据文件：

- 空气动力数据（计算气动力和力矩系数所需的气动数据）；

- 飞机质量和惯性矩；
- 飞行试验（起飞、着陆、爬升、滚转、加/减速性能等）；
- 时间历程数据（地面/飞行合格审定试验数据）；
- 飞行控制系统数据（舵面、襟翼、扰流板等动态时间历程曲线）；
- 地面操纵特性（起落架力特性、地面摩擦等）；
- 系统数据（失速警告、近地警告系统）；
- 动力装置及其性能（发动机瞬态特性、燃油调节、滑油系统等）；
- 燃油系统（燃油压力、温度、放油、加油）；
- 空调和增压（供氧、座舱温度/压力调节）；
- 防冰和除冰；
- 液压（液压油量和温度、液压增压系统）；
- 供电；
- 导航辅助设备和通信（通信、无线电导航、飞行指引等）；
- 音响系统；
- 仪表系统；
- 供氧系统；
- 运动系统；
- 故障数据。

这些数据项在数据文件中以一系列的行和列表示一维、二维或三维函数的数据表。在飞行模拟器运行开始时，由管理软件将各类数据输入并传输，以备各分系统软件运行时调用。飞行模拟器数据文件的数据结构通常采用关系模式，这种模式直观、便于查询，调用方便。

综上所述，采用工程数据库技术可以科学地管理和处理飞行模拟器的众多数据，建立便于插入、删除、更改的关系型数据库系统，有利于飞行模拟器的逼真度和实时性。研制飞行模拟器需要的数据应该纳入飞机设计制造的各类试验，包括风洞试验、地面试验、飞行试验等，即在试验中需考虑到研制飞行模拟器所需要的各类数据以及性能检测所需要的数据，如某些重要飞行状态的杆力、杆位移、舵偏角输入量以及相应的飞机运动参数、高度、速度和姿态角、角速度等时间历程曲线。这样必定可以确保飞行模拟器的质量和缩短飞行模拟器的研制周期。

5.3.3 气动数据的表达形式

气动系数数学模型的建立需要大量的气动数据，这些数据可以来源于风洞试验、理论计算和飞行试验。这些气动导（系）数基本上是飞行参数——速度

/马赫数、高度、迎角、侧滑角、操纵面偏角以及襟翼偏角的函数。气动数据的表示方法可以用多种方式，这要看模型的形式和气动数据函数关系的形式。在这里主要介绍表格查询法。

大部分气动数据的因变量随自变量的变化规律是不规则的，不宜用简单的连续的表达式来计算。当求取对应飞机瞬时状态的气动数据时，需要找出气动导（系）数和多个独立变量的对应值，通常称为"表格查寻"。采用表格查寻方法，对已建立的具有函数关系的自变量值和区变量值的表格进行插值获取所需数据。为了保证插值结果，数据模型可建成间隔不等的数据表。对于数据变化较平滑的，可用较大间隔；对于有突变的部分，例如跨声速阶段的气动导（系）数，可用较小间隔或使用较高阶的插值技术来保证精度要求。

表格查寻基本原理如下：

如果 $x_1 \leq x \leq x_2$，插值公式为

$$y = y_1 + \left(\frac{y_2 - y_1}{x_2 - x_1}\right)(x - x_1) \tag{5-3}$$

表格查寻的执行步骤：

①找区间，即决定现时 x 值位于表格中哪一对 x 值之间；
②计算该区间的斜率 $(y_2 - y_1)/(x_2 - x_1)$；
③应用插值公式计算。

如果小于表格中的最低点值或大于最高点值，因变量可取边界值，或采用外插方法，具体采用哪种方法，取决于问题的性质。

5.4 飞行系统仿真模型

5.4.1 飞行系统仿真模型的组成及功能

飞行系统仿真软件结构包括：本地管理程序，初始化程序，多个功能各异、相对独立的应用子程序以及所需要的数据文件。飞行系统各子程序由飞行系统本地管理程序实时调度。

飞行系统仿真数学模型要对飞机空气动力特性进行仿真；解算飞机的六自由度非线性全量运动方程；仿真飞机在地面上运动时起落架的力和力矩，并且进行大气环境对飞行影响的模拟。

图 5-8 表明一个典型的飞行模拟器飞行系统的主要组成部分，各模块之

间以及飞行系统与其他系统之间的关系。

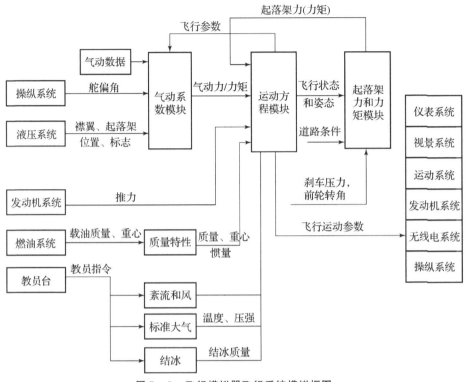

图 5-8 飞行模拟器飞行系统模拟框图

该系统接收来自操纵系统的操纵面位置，燃油系统的燃油质量、飞机重心位置，液压系统的襟翼、起落架位置和收、放标志以及来自发动机系统的推力等参数。在本系统的"气动"模块中，计算气动系数和气动力/力矩。"起落架力和力矩"模块计算飞机在地面运动时起落架力/力矩。"运动方程"模块解算飞机六自由度非线性全量运动方程，获取飞机的姿态和位置以及其他飞行参数。这些飞行参数输出到飞行模拟器的其他分系统，如视景系统、仪表系统、运动系统、发动机系统、导航系统、燃油系统、液压系统和操纵系统，以便为飞行员提供视觉、听觉和动感等信息。

飞行系统与其他系统的信息交链关系如图 5-9 所示。

5.4.2 飞行系统各模块的数学模型

1. 气动模块

气动模块主要计算作用在飞机上的气动力系数和气动力矩系数，并进一步

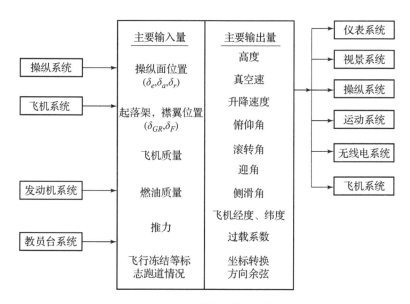

图 5-9 飞行系统信息交链

计算飞机的气动力和气动力矩。

1）气动力和力矩的基本表达式

根据气动力系统，可求沿气流坐标轴的气动力分量——升力 L、阻力 D、侧力 C：

$$\begin{cases} L = C_L \cdot qS \\ D = C_D \cdot qS \\ C = C_C \cdot qS \end{cases} \quad (5-4)$$

式（3-25）为从机体坐标系到气流坐标系的转换矩阵，其逆矩阵即为从气流坐标系到机体坐标系的转换矩阵。由式（3-25）有

$$\begin{cases} F_{A,z} = L\cos\alpha + D\sin\alpha\cos\beta + C\sin\alpha\sin\beta \\ F_{A,x} = L\sin\alpha - D\cos\alpha\cos\beta - C\cos\alpha\sin\beta \\ F_{A,y} = -D\sin\beta + C\cos\beta \end{cases} \quad (5-5)$$

根据气动力矩系数求沿机体坐标轴的气动力矩分量：

$$\begin{cases} L_A = C_l qSb_w \\ N_A = C_n qSb_w \\ M_A = C_m qSc_A \end{cases} \quad (5-6)$$

2）影响气动系数的基本因素

机翼面积 S、机翼展长 b_w、机翼平均空气动力弦 c_A 是不变的，因此，气动

力只与气动系数 C_L、C_D、C_C 和 C_l、C_n、C_m 有关，而影响气动系数的基本因素有哪些呢？

在飞机不做大机动飞行，各运动参数变化不大的情况下，气动系数可做线性处理，于是升力系数 C_L、阻力系数 C_D、侧力系数 C_C、滚转力矩系数 C_l、偏航力矩系数 C_n 及俯仰力矩系数 C_m 的基本表达式可以写为

$$\begin{cases} C_D = C_{D0} + A(C_{L\alpha} \cdot \alpha)^2 \\ C_L = C_{L0} + C_{L\alpha} \cdot \alpha + C_L^{\delta_e} \cdot \delta_e \\ C_C = C_{C\beta} \cdot \beta + C_{C\delta_r} \cdot \delta_r \\ C_l = C_{l\beta} \cdot \beta + C_{l\delta_a} \cdot \delta_a + C_{l\delta_r} \cdot \delta_r + C_{lp} \cdot \bar{p} + C_{lr} \cdot \bar{r} \\ C_n = C_{n\beta} \cdot \beta + C_{n\delta_a} \cdot \delta_a + C_{n\delta_r} \cdot \delta_r + C_{np} \cdot \bar{p} + C_{nr} \cdot \bar{r} \\ C_m = C_{m0} + C_{mC_L} \cdot C_L + C_{m\delta_e} \cdot \delta_e + C_{mq} \cdot \bar{q} + C_{m\dot{\alpha}} \cdot \dot{\alpha} \end{cases} \quad (5-7)$$

式中，$C_{C\beta}$ 为 1°侧滑角所产生的侧力系数（1/(°)）；$C_{C\delta_r}$ 为方向舵偏转 1°产生的侧力系数（1/(°)）；$C_{n\beta}$ 为航向静稳定度（1/(°)）；$C_{n\delta r}$ 为方向舵偏转 1°产生的偏航力矩系数（1/(°)）；C_{np} 为横侧无因次阻尼导数；C_{lr}，C_{np} 为横侧无因次交叉导数；$C_{l\delta_a}$ 为副翼效率（1/(°)）；$C_{l\delta_r}$ 为方向舵偏转 1°产生的滚转力矩系数（1/(°)）；C_{lp} 为横向无因次阻尼导数；$C_{l\beta}$ 为横向静稳定度（1/(°)）；$C_{L\alpha}$ 为升力系数曲线斜率（1/(°)）；$C_{L\delta_e}$ 为升降舵偏转 1°产生的升力系数（1/(°)）；$C_{m\delta_e}$ 为升降舵效率（1/(°)）；C_{mq} 为纵向无因次阻尼导数；$C_{m\bar{\alpha}}$ 为纵向无因次下洗延迟系数。

此外，C_{D0}、C_{L0} 和 C_{m0} 分别为零升阻力系数、零升力系数和零升俯仰力矩系数。$A(C_{L\alpha} \cdot \alpha)^2$ 是飞机的诱导阻力系数，C_{D0} 包含了摩擦阻力、压差阻力和干扰阻力等系数。

$C_{L\alpha} \cdot \alpha$ 和 $C_{L\delta_e} \cdot \delta_e$ 分别是迎角 α 和升降舵偏角 δ_e 引起的升力系数。

$C_{C\beta} \cdot \beta$ 和 $C_{C\delta_r} \cdot \delta_r$ 分别是侧滑角 β 和方向舵偏角 δ_r 引起的侧力系数。

$C_{l\beta} \cdot \beta$ 和 $C_{n\beta} \cdot \beta$ 分别是飞机横向和方向稳定力矩系数，$C_{mC_L} \cdot C_L$ 是飞机纵向稳定力矩系数。

$C_{l\delta_a} \cdot \delta_a$，$C_{n\delta_r} \cdot \delta_r$ 和 $C_{m\delta_e} \cdot \delta_e$ 分别是飞机的横向、方向和纵向操纵力矩系数。

$C_{lp} \cdot \bar{p}$，$C_{nr} \cdot \bar{r}$ 和 $C_{mq} \cdot \bar{q}$ 分别是飞机的横向、方向和纵向阻尼力矩系数。

$C_{l\delta_r} \cdot \delta_r$ 为方向舵偏转引起的滚转力矩系数，$C_{n\delta_a} \cdot \delta_a$ 为副翼偏转引起的偏航力矩系数。

$C_{lr} \cdot \bar{r}$ 和 $C_{lp} \cdot \bar{p}$ 都是横侧交叉力矩系数，其中 $C_{lr} \cdot \bar{r}$ 是飞机偏转引起的滚

转力矩系数，而 $C_{lp} \cdot \bar{p}$ 为飞机滚转引起的偏转力矩系数。

$C_{m\dot{\alpha}} \cdot \dot{\bar{\alpha}}$ 是因平尾气流下洗延迟引起的纵向时差力矩系数。

3）影响气动系数的其他因素

（1）地面效应影响

飞机在起飞和着陆过程，靠近地面飞行时，地面的存在使飞机的气动性能不同于空中，这种现象叫作地面效应。因此在计算近地飞行的飞机气动系数时，要计及地面效应的影响。

（2）飞机构形变化的影响

飞机构形变化是指飞机在飞行中收、放起落架，收、放襟翼，收、放减速板时，它们使飞机的外形发生变化，对气动系数有很大的影响，其规律与飞机收放部件的构造及收放型式有关。

（3）飞机外挂等的影响

除以上飞机构形引起飞机气动系数变化外，飞机外挂（如挂副油箱、火箭等）对飞机的气动系数也有影响，不能忽略。

另外，发动机喷口面积的大小、发动机放气带的开闭和高度变化对气动系数也有影响。

4）气动系数综合表达式

综上所述，气动系数仅用基本表达式（5-7）来计算是不够的，还要计算特殊条件下的气动系数的变化，所以，它的综合表达式可以归纳为

$$\begin{cases} C_D = C_{D0} + A(C_{L\alpha} \cdot \alpha)^2 + (\Delta C_D)_H + (\Delta C_D)_F + (\Delta C_D)_B + (\Delta C_D)_{GE} + (\Delta C_D)_{ES} \\ C_L = C_{L0} + C_{L\alpha} \cdot \alpha + C_{L\delta_e} \cdot \delta_e + (\Delta C_L)_{DT} + (\Delta C_L)_B + (\Delta C_L)_F + (\Delta C_L)_{GE} \\ C_C = C_{C\beta} \cdot \beta + C_{C\delta_r} \cdot \delta_r + (\Delta C_C)_F + (\Delta C_C)_{GR} \\ C_l = C_{l\beta} \cdot \beta + C_{l\delta_a} \cdot \delta_a + C_{l\delta_r} \cdot \delta_r + C_{lp} \cdot \bar{p} + C_{lr} \cdot \bar{r} + (C_l)_F + (C_l)_{GE} + (C_l)_B \\ C_n = C_{n\beta} \cdot \beta + C_{n\delta_r} \cdot \delta_r + C_{n\delta_a} \cdot \delta_a + C_{np} \cdot \bar{p} + C_{nr} \cdot \bar{r} + (C_n)_F + (C_n)_{GE} + (C_n)_B \\ C_m = C_{m0} + C_{mC_L} \cdot C_L + C_{mq} \cdot \bar{q} + C_{m\dot{\alpha}} \cdot \dot{\alpha} + C_{m\delta_e} \cdot \delta_e + (\Delta C_m)_F + (\Delta C_m)_B + \\ \quad (\Delta C_m)_{GE} + (\Delta C_m)_{AB} \end{cases}$$

(5-8)

式中，下标 F 表示襟翼；B 表示减速板；DT 表示外挂；H 表示高度修正；GE 表示地面效应；GR 表示起落架；ES 表示发动机停车；AB 表示放气带。

式（5-8）在实际建模过程中并不是一成不变的，可以根据飞机的具体情况增加或删减上述气动系数计算中的修正项。例如，若飞机有减速伞，则要增加减速伞的影响；若无外挂，则可去掉外挂的影响。

2. 运动方程模块

飞机所受的力和力矩主要是气动力和力矩,另外,发动机推力和推力力矩、重力也是不可忽略的,而在地面运动时,还要考虑机轮、减速伞的力和力矩。

1) 合力和合力矩

飞机所受的力和力矩除气动力和力矩外,还有发动机力和力矩、机轮、减速伞的力和力矩、重力。

(1) 发动机推力和力矩

这里以双发飞机为例,给出发动机的推力和推力力矩,均按机体坐标系给出。

发动机推力沿 x 轴的力:

$$P_x(1) = T(1) \cdot (1 - \Delta \bar{R}) \quad (5-9)$$

$$P_x(2) = T(2) \cdot (1 - \Delta \bar{R}) \quad (5-10)$$

$$F_{Tx} = P_x(1) + P_x(2) \quad (5-11)$$

式中,T 为单台发动机推力;$\Delta \bar{R}$ 为发动机推力损失。

发动机推力沿 y 轴的力:

$$P_y(1) = -\frac{W_T(1)}{g} \cdot v_T \cdot \sin\beta$$

$$P_y(2) = -\frac{W_T(2)}{g} \cdot v_T \cdot \sin\beta$$

$$F_{Ty} = P_y(1) + P_y(2) \quad (5-12)$$

式中,W_T 为单台发动机进气量;v_T 为飞机飞行速度;β 为飞机侧滑角。

发动机推力沿 z 轴的力:

$$\begin{cases} P_z(1) = -\dfrac{W_T(1)}{g} \cdot v_T \cdot \sin\alpha \\ P_z(2) = -\dfrac{W_T(2)}{g} \cdot v_T \cdot \sin\alpha \\ F_{Tz} = P_z(1) + P_z(2) \end{cases} \quad (5-13)$$

式中,α 为飞机迎角。

发动机推力产生的偏航力矩:

$$\begin{cases} N_T = -P_x(1) \cdot y_{T左} - P_x(2) \cdot y_{T右} + F_{Ty} \cdot x_T \\ x_T = x_G + x_{GT} \end{cases} \quad (5-14)$$

发动机推力产生的俯仰力矩:

$$M_T = -F_{Tz} \cdot x_T + F_{Tx} \cdot z_G \quad (5-15)$$

（2）起落架的力和力矩

当飞机滑行时，将有地面反作用力、摩擦力作用在机轮上。着陆时使用刹车，就有刹车力，这些力对飞机重心形成相应的力矩，统称起落架的力和力矩。

各起落架力、力矩向量沿机体坐标轴的分量为 $F_{G,x}$、$F_{G,y}$、$F_{G,z}$、L_G、M_G、N_G。

（3）重力

由于机体坐标系原点取在重心位置，所以飞机重力相对于机体坐标系原点不产生力矩，重力在机体坐标轴上的投影为

$$\begin{cases} G_x = -G\sin\theta \\ G_y = G\cos\theta\sin\varphi \\ G_z = G\cos\theta\cos\varphi \end{cases} \quad (5-16)$$

（4）合力及合力矩

综合气动力和力矩，发动机力和力矩，机轮的力和力矩，重力，可以得到合力及合力矩在机体坐标轴上的表达式为

$$\begin{cases} F_x = F_{A,x} + F_{T,x} + F_{G,x} + G_x \\ F_y = F_{A,y} + F_{T,y} + F_{G,y} + G_y \\ F_z = F_{A,z} + F_{T,z} + F_{G,z} + G_z \end{cases} \quad (5-17)$$

$$\begin{cases} L = L_A + L_G \\ M = M_A + M_T + M_G \\ N = N_A + N_T + N_G \end{cases} \quad (5-18)$$

2）飞机运动方程组的结算

求解运动方程组的基本过程：当飞行模拟器处于起飞状态时，飞行系统按照给定的初始条件，求解联立运动方程组的各物理量的当前值，此当前值又作为下一运算周期的初始值，如此循环，飞行系统就能根据飞行状态实时地提供各种参数。

①从式（3-3）可以推出式（5-19）的力方程，可以求得 $\dot{u}$、$\dot{v}$、$\dot{w}$ 的当前值（左下角标注 n），式中，左下角标注 $n-1$ 的意义代表该参数是初始值，即上一解算周期的结果值。

$$\begin{cases} {}_n\dot{u} = \dfrac{\sum X}{m} + {}_{n-1}r \cdot {}_{n-1}v - {}_{n-1}q \cdot {}_{n-1}w \\ {}_n\dot{v} = \dfrac{\sum Y}{m} + {}_{n-1}p_{n-1}w - {}_{n-1}r_{n-1}u \\ {}_n\dot{w} = \dfrac{\sum Z}{m} + {}_{n-1}q_{n-1}u - {}_{n-1}p_{n-1}v \end{cases} \quad (5-19)$$

对式 (5-19) 积分可求得 u、v、w 为

$$\begin{cases} {}_nu = {}_{n-1}u + \dfrac{{}_{n-1}\dot{u} + {}_n\dot{u}}{2} \cdot \Delta t \\ {}_nv = {}_{n-1}v + \dfrac{{}_{n-1}\dot{v} + {}_n\dot{v}}{2} \cdot \Delta t \\ {}_nw = {}_{n-1}w + \dfrac{{}_{n-1}\dot{w} + {}_n\dot{w}}{2} \cdot \Delta t \end{cases} \quad (5-20)$$

式中，Δt 为一个解算周期。

②从式 (3-12) 的力矩方程中可求得 $\dot{p}$、$\dot{r}$、$\dot{q}$ 的当前值为

$$\begin{cases} {}_n\dot{p} = \dfrac{1}{I_x}[L + (I_y - I_z)_{n-1}q_{n-1}r + I_{zx}({}_{n-1}\dot{r} + {}_{n-1}p_{n-1}q)] \\ {}_n\dot{q} = \dfrac{1}{I_y}[M + (I_z - I_x)_{n-1}r_{n-1}p + I_{zx}({}_{n-1}r^2 - {}_{n-1}p^2)] \\ {}_n\dot{r} = \dfrac{1}{I_z}[N + (I_x - I_y)_{n-1}p_{n-1}q + I_{zx}({}_{n-1}\dot{p} - {}_{n-1}q_{n-1}r)] \end{cases} \quad (5-21)$$

对式 (5-21) 积分可求得 p、r、q 为

$$\begin{cases} {}_np = {}_{n-1}p + \dot{p} \cdot \Delta t \\ {}_nr = {}_{n-1}r + \dot{r} \cdot \Delta t \\ {}_nq = {}_{n-1}q + \dot{q} \cdot \Delta t \end{cases} \quad (5-22)$$

其无因次量 $\bar{p}$、$\bar{r}$、$\bar{q}$ 为

$$\begin{cases} \bar{p} = p \cdot b_w/(2V_T) \\ \bar{r} = r \cdot b_w/(2V_T) \\ \bar{q} = q \cdot c_A/(2V_T) \end{cases} \quad (5-23)$$

③从式 (5-22) 的角速度方程中可求得 $\dot{\varphi}$、$\dot{\psi}$、$\dot{\theta}$ 的值为

$$\begin{cases} \dot{\varphi} = p + q\sin\varphi\tan\theta + r\cos\varphi\tan\theta \\ \dot{\theta} = q\cos\varphi - r\sin\varphi \\ \dot{\psi} = q\sin\varphi\sec\theta + r\cos\varphi\sec\theta \end{cases} \quad (5-24)$$

当飞机做无倾斜 ($\varphi = 0°$) 飞行时，则 $\dot{\theta} = q$。

对式 (5-24) 积分可求得 φ、ψ、θ 为

$$\begin{cases} {}_n\psi = {}_{n-1}\psi + \dot{\psi} \cdot \Delta t \\ {}_n\varphi = {}_{n-1}\varphi + \dot{\varphi} \cdot \Delta t \\ {}_n\theta = {}_{n-1}\theta + \dot{\theta} \cdot \Delta t \end{cases} \quad (5-25)$$

因 $0 \leq \psi < 2\pi$，故有

$$\begin{cases} \psi_A = \psi_B - 2\pi \cdots (当 \psi_B \geq 2\pi 时) \\ \psi_A = \psi_B + 2\pi \cdots (当 \psi_B < 0 时) \end{cases}$$

式中，右下角标注 A、B 仅为区别是否排除了因周期性的影响而设置，即 ψ_B 说明 ψ 值未排除周期性的影响，不一定在区间 $(0, 2\pi)$ 内，而 ψ_A 在 $(0, 2\pi)$ 内，可以直接解算 ψ 的三角函数值。

④式（5-20）的速度方程中 u、v、w 即机体坐标系中的 v_{xb}、v_{yb}、v_{zb}，由此可以直接求得飞机地速 v_{xg}、v_{yg}、v_{zg} 为

$$\begin{cases} v_{xg} = v_{xb}\cos\theta\cos\psi + v_{yb}(\sin\varphi\sin\theta\cos\psi - \cos\varphi\sin\psi) + \\ \qquad v_{zb}(\cos\varphi\sin\theta\cos\psi + \sin\varphi\sin\psi) \\ v_{yg} = v_{xb}\cos\theta\sin\psi + v_{yb}(\sin\varphi\sin\theta\sin\psi + \sin\varphi\sin\psi) + \\ \qquad v_{zb}(\cos\varphi\sin\theta\sin\psi - \sin\varphi\cos\psi) \\ v_{zg} = -v_{xb}\sin\theta + v_{yb}\sin\varphi\cos\theta + \\ \qquad v_{zb}\cos\varphi\cos\theta \end{cases} \quad (5-26)$$

3）仪表所需参数的解算

（1）速度参数的模拟

速度参数包括真空速 v_T、表速 v_B、M 数和升降速度 $\dot{h}$。

①真速是飞机与空气相对运动的真实速度，它与风速和风向有关。

设任意高度上风沿机体坐标轴的三个分量为 u_w、v_w、w_w，紊流的分量为 u_{RA}、v_{RA}、w_{RA}（风的风速和风向可由教员控制台给定），则在气流坐标系中的速度为

$$\begin{cases} u_A = u + u_w + u_{RA} \\ v_A = v + v_w + v_{RA} \\ w_A = w + w_w + w_{RA} \end{cases} \quad (5-27)$$

真空速为

$$v_T = (u^2 + v^2 + w^2)^{\frac{1}{2}} \quad (5-28)$$

②表速。当考虑空气的压缩性时，气流的动压（q）与飞机所在高度空气密度（ρ_H）、真速、M 数有关，其关系式为

$$q = \frac{1}{2}\rho_H v_T^2 (1 + \varepsilon) \quad (5-29)$$

式中，ε 为空气压缩性修正量，其大小与 M 数有关，M 数越大，ε 越大。

设飞机在 H 高度上飞行，空气压缩性修正量为 ε_H，则

$$v_T = \sqrt{\frac{2q}{\rho_H(1+\varepsilon_H)}} \quad (5-30)$$

而表速的表达式为

$$v_B = \sqrt{\frac{2q}{\rho_0(1+\varepsilon_0)}} \qquad (5-31)$$

式中，ρ_0 为海平面标准大气条件下的空气密度；ε_0 为飞机在海平面标准大气条件下飞行时的空气压缩性修正量。

将上两式相除，可得

$$v_B = v_T \sqrt{\frac{\rho_H(1+\varepsilon_H)}{\rho_0(1+\varepsilon_0)}} \qquad (5-32)$$

由于空气压缩性修正量 ε 与 M 数不是线性关系，它不能用一个简单的式子表示出 ε 与 M 的关系。因此，式（5-32）并不能真正用来计算 v_B。如果要求比较精确地求出 v_B 与 v_T 的关系，比较简便的一种方法是根据各高度情况下的 $v_T - v_B$ 曲线建立一个 $v_T - v_B$ 对照表，然后通过查表的方法求出在某一高度及 v_T 时的 v_B。

③飞行 M 数。飞行 M 数就是飞行的真速相对于声速之比，即

$$M = \frac{v_T}{a} \qquad (5-33)$$

声速 a 是声音在空气中的传播速度。在大气中，声速 a 的大小完全取决于气温 T_H，声速 a 与气温 T_H 有如下关系：

$$a = 20\sqrt{T_H} \qquad (5-34)$$

而气温 T_H 随着高度升高而下降，升高到 11 000 m 以后进入同温层，所以声速 a 随高度 H 变化的规律与 T_H 随 H 的变化规律类似。

④升降速度。升降速度为飞机的飞行速度向量在地面坐标系 Z_g 方向上的分量：

$$\begin{cases} \dot{h} = -v_{zg} \\ \dot{h}_p = \dot{h} \cdot \dfrac{T_{标准}}{T} \end{cases} \qquad (5-35)$$

（2）其余飞行参数的模拟

①飞行高度。

气压高度：

$$h_p = {}_{n-1}h_p + \dot{h}_p \cdot \Delta t \qquad (5-36\text{a})$$

相对高度（几何高度）：

$$h_G = h_p - h_{PAF} \qquad (5-36\text{b})$$

式中，h_{PAF} 为机场气压高度。

在运动方程模块，除了计算以上飞行参数外，还需计算航迹偏航角，航迹

倾斜角，飞机的经、纬度以及飞机在跑道坐标系中的位置等参数，在此不一一列举。

②侧滑角 β、迎角 α。

真空速在飞机对称面上的分量：

$$v_{TR} = \sqrt{u_A^2 + w_A^2} \tag{5-37}$$

飞机迎角：

$$\cos\alpha = u_A/v_{TR}$$
$$\sin\alpha = w_A/v_{TR}$$
$$\alpha = \arcsin\alpha \tag{5-38}$$

侧滑角：

$$\cos\beta = v_{TR}/V_T$$
$$\sin\beta = v_A/v_T$$
$$\beta = \arcsin\beta \tag{5-39}$$

3. 起落架力和力矩模块

起落架力和力矩模块计算受前轮操纵角、刹车输入和机轮速度影响的起落架力和力矩。具体地说，该模块根据飞行系统其他模块提供的飞机速度、角速度、飞机质量和气动力、力矩以及来自操纵系统的前轮偏角、来自液压系统的刹车压力以及由教员台设置的跑道条件及轮胎爆破标志等，来计算起落架支柱冲击动态特性、刹车力、起落架总的纵向力、侧力及其力矩。根据各种跑道条件（干、湿、雪、结冰），模拟不同情况下的地面运动特性。

由于飞机在地面运动时，起落架力和力矩与飞机的运动状态密切相关。因此，在计算时，需要根据飞机的不同状态，分别计算。

1）飞机停止在地面或在地面上滑跑时（三轮滑跑，前轮未离地）

此时，飞机重心到地面的高度是一定值，即飞机的停机高度 h_0。地面给整个起落架的支撑力为

$$N = G - L - P \cdot \sin\alpha \tag{5-40}$$

当飞机停止在地面或以三轮姿态在地面上滑跑时，飞机的俯仰角加速度为零，说明此时飞机处于纵向平衡状态，据此可以推导出地面给飞机主轮的支撑力：

$$N_主 = \frac{M_A + N \cdot x_前 - f_前 \cdot N \cdot z_前}{x_前 + f_前 \cdot z_前 + x_主 + f_主 \cdot z_主} \tag{5-41}$$

式中，M_A 为空气作用于飞机的俯仰力矩和发动机推力产生的俯仰力矩之和；$x_前$、$x_主$ 为飞机前、主轮到飞机重心的 X 向距离；$z_前$、$z_主$ 为飞机前、主轮到飞机重心的 Z 向距离；$f_前$、$f_主$ 为飞机前、主轮与地面的摩擦系数。

地面给左、右主轮的支撑力：

$$N_{主左} = N_{主右} = \frac{1}{2}N_{主}$$

地面给前轮的支撑力：

$$N_{前} = N - N_{主}$$

飞机机轮与地面之间的摩擦系数与机轮的刹车情况和跑道的地面情况有关。一般来说，在刹车时，$f_{刹车} = 0.2 \sim 0.5$；而未刹车时，飞机机轮与地面之间的摩擦系数为滚动摩擦系数，$f_{滚动} = 0.02 \sim 0.05$，具体的值视跑道情况而定。飞机的刹车装置一般只在主轮上设置，因此：

未刹车时，$f_{前} = f_{主左} = f_{主右} = f_{滚转}$；

主轮刹车时，左轮刹车：$f_{主左} = f_{刹车}$；

右轮刹车：$f_{主右} = f_{刹车}$。

由此，可以确定飞机机轮与地面之间的摩擦力为

前轮与地面的摩擦力：$F_{前} = f_{前} \cdot N_{前}$；

左主轮与地面的摩擦力：$F_{主左} = f_{主左} \cdot N_{主左}$；

右主轮与地面的摩擦力：$F_{主右} = f_{主右} \cdot N_{主右}$。

2）飞机在地面滑跑，前轮离地、主轮未离地时

当飞机前轮离地，而主轮还未离地时，在飞机俯仰力矩的作用下，飞机的迎角要发生变化，相应地飞机的升力系数、阻力系数、俯仰力矩系数均要发生变化。由于从前轮离地到主轮离地的过程中，飞机要绕着其主轮着地点向上转动，飞机重心的高度有一定变化，所以

$$N_{前} = 0, \quad F_{前} = 0$$

地面给主轮的支撑力：$N_{主} = N$；

地面给左、右主轮的支撑力：$N_{主左} = N_{主右} = \frac{1}{2}N_{主}$；

地面给左主轮的摩擦力：$F_{主左} = f_{主左} \cdot N_{主左}$；

地面给右主轮的摩擦力：$F_{主右} = f_{主右} \cdot N_{主右}$。

3）前主起落架均离地时

当飞机的前轮、主轮均离地时，飞机的重心高度大于飞机的最低高度值。此时地面给起落架的支撑力和摩擦力均为零，即

$$N_{前} = N_{主左} = N_{主右} = 0 \tag{5-42}$$

$$F_{前} = F_{主左} = F_{主右} = 0 \tag{5-43}$$

4）起落架力和力矩（按地面坐标系）

求出地面作用在飞机前、主轮上的支撑力和摩擦力以后，就可以计算整个

起落架上的力和力矩了。

作用在整个起落架上的地面摩擦力为

$$F_{起} = F_{前} + F_{主左} + F_{主右}$$

在这里需要注意一点，当飞机停止在地面上时，如果发动机的推力小于最大静摩擦力，则作用在起落架的摩擦力等于发动机的推力在水平方向的分力，即：如果 $F_{起} \geq P \cdot \cos\alpha$，则 $F_{起} = P \cdot \cos\alpha$；否则，推力的计算公式不变，即 $F_{起} = F_{前} + F_{主左} + F_{主右}$。

作用在整个起落架上的地面支撑力为

$$N_{起} = N_{前} + N_{主左} + N_{主右}$$

作用在整个起落架上的侧力为

$$C_{起} = 0$$

作用在起落架上的滚转力矩为：

$$L_{起} = 0$$

作用在起落架上的偏航力矩为：

$$N_{起} = F_{主左} \cdot y_{主左} - F_{主右} \cdot y_{主右}$$

式中，$y_{主左}$、$y_{主右}$ 为左、右主轮到飞机对称面的 Y 向距离。

地面支撑力和地面摩擦力作用在整个起落架上的俯仰力矩为

$$M_{起} = N_{前} \cdot x_{前} - F_{前} \cdot y_{前} - N_{主} \cdot x_{主} - F_{主} \cdot y_{主} \quad (5-44)$$

5）起落架力和力矩（按机体坐标系给出）

上面给出的从飞机停止在地面到飞机前主起落架均离开地面的整个过程的起落架力和力矩的计算模型均是按照地面坐标系给出的，而在实际计算中，需要将其换算到机体坐标系中，以便计算整个飞机的受力情况。可以根据坐标系转换的方向余弦矩阵进行转换。设 $F_{G,x}$、$F_{G,y}$、$F_{G,z}$、L_G、M_G、N_G 为地面作用在起落架上的力和力矩在机体坐标系三个坐标轴上的分量，则

$$\begin{bmatrix} F_{G,x} \\ F_{G,y} \\ F_{G,z} \end{bmatrix} = \begin{bmatrix} \cos\alpha & -\sin\alpha & 0 \\ \sin\alpha & \cos\alpha & 0 \\ 0 & 0 & 1 \end{bmatrix} \begin{bmatrix} F_{起} \\ N_{起} \\ Z_{起} \end{bmatrix} \quad (5-45)$$

$$\begin{bmatrix} L_G \\ M_G \\ N_G \end{bmatrix} = \begin{bmatrix} \cos\alpha & -\sin\alpha & 0 \\ \sin\alpha & \cos\alpha & 0 \\ 0 & 0 & 1 \end{bmatrix} \begin{bmatrix} L_{起} \\ M_{起} \\ N_{起} \end{bmatrix} \quad (5-46)$$

飞行系统仿真模型除了以上三大组成部分之外，还有"质量特性"模块，它用来计算飞机的质量、重心和惯量。"大气"模块提供标准大气和非标准大气的环境温度和压强，机场的温度和压强。在"结冰"模块中，根据教员对

结冰的设置，计算结冰质量。"风"模块提供表面风、高空风、风剖面和微暴模型，计算风速和风向。"紊流"模块提供颠簸气流、鹅卵石气流和垂直阵风模型，计算出三个线扰动速度和三个角扰动速度，输出到"运动方程"，产生相应的飞机动态特性。

|5.5 飞行仿真模型中的奇异性问题|

下面介绍在飞行仿真计算中存在的奇异性问题及其解决办法。

从式（5-24）可知，如果采用确定飞机姿态的欧拉方程，当 $\theta = \pm 90°$ 时，$\tan\theta = \pm\infty$，$\sec\theta = \pm\infty$，则 $\dot{\varphi}$ 和 $\dot{\psi}$ 的表达式出现不定的奇异点，使计算无法进行下去。这就是飞行仿真模型中的奇异性问题。奇异性问题可以采用四元数法和双欧拉法解决。

5.5.1 四元数法

众所周知，坐标系 $Oxyz$ 与参考坐标系 $Ox_0y_0z_0$ 形成角度 A、B、C，可以通过绕空间固定轴的一次旋转 D，使这两个坐标系重合。于是这四个参数 A、B、C、D 能够确定坐标系的方位。

建立 (x, y, z) 与 (x_0, y_0, z_0) 关系的变换矩阵：

$$\begin{bmatrix} x \\ y \\ z \end{bmatrix} = \begin{bmatrix} A_{11} & A_{12} & A_{13} \\ A_{21} & A_{22} & A_{23} \\ A_{31} & A_{32} & A_{33} \end{bmatrix} \begin{bmatrix} x_0 \\ y_0 \\ z_0 \end{bmatrix} \qquad (5-47)$$

式中，

$$A_{11} = 1 - 2\sin^2 A \sin^2\left(\frac{1}{2}D\right)$$

$$A_{12} = 2\cos A\cos B \sin^2\left(\frac{1}{2}D\right) + 2\cos C\cos\left(\frac{1}{2}D\right)\sin\left(\frac{1}{2}D\right)$$

$$A_{13} = 2\cos A\cos C \sin^2\left(\frac{1}{2}D\right) - 2\cos B\sin\left(\frac{1}{2}D\right)\cos\left(\frac{1}{2}D\right)$$

$$A_{21} = 2\cos A\cos B \sin^2\left(\frac{1}{2}D\right) - 2\cos C\sin\left(\frac{1}{2}D\right)\cos\left(\frac{1}{2}D\right)$$

$$A_{22} = 1 - 2\sin^2\left(\frac{1}{2}D\right)\sin^2 B$$

$$A_{23} = 2\cos B\cos C \sin^2\left(\frac{1}{2}D\right) + 2\cos A\sin\left(\frac{1}{2}D\right)\cos\left(\frac{1}{2}D\right)$$

$$A_{31} = 2\cos A\cos C \sin^2\left(\frac{1}{2}D\right) + 2\cos B\sin\left(\frac{1}{2}D\right)\cos\left(\frac{1}{2}D\right)$$

$$A_{32} = 2\cos B\cos C \sin^2\left(\frac{1}{2}D\right) - 2\cos A\cos\left(\frac{1}{2}D\right)\sin\left(\frac{1}{2}D\right)$$

$$A_{33} = 1 - 2\sin^2 C \sin^2\left(\frac{1}{2}D\right)$$

变量从原始的四参数变化到一组四元数参数，则有

$$\begin{cases} e_0 = \cos\left(\frac{1}{2}D\right) \\ e_1 = \cos A\sin\left(\frac{1}{2}D\right) \\ e_2 = \cos B\sin\left(\frac{1}{2}D\right) \\ e_3 = \cos C\sin\left(\frac{1}{2}D\right) \end{cases} \quad (5-48)$$

又

$$\cos^2 A + \cos^2 B + \cos^2 C = 1$$

代入这些关系后，并使用约束方程

$$e_0^2 + e_1^2 + e_2^2 + e_3^2 = 1$$

转换矩阵变为

$$\begin{bmatrix} x \\ y \\ z \end{bmatrix} = \begin{bmatrix} l_1 & l_2 & l_3 \\ m_1 & m_2 & m_3 \\ n_1 & n_2 & n_3 \end{bmatrix} \begin{bmatrix} x_0 \\ y_0 \\ z_0 \end{bmatrix} \quad (5-49)$$

式中，

$$\begin{cases} l_1 = e_0^2 + e_1^2 - e_2^2 - e_3^2 \\ l_2 = 2(e_1e_2 + e_0e_3) \\ l_3 = 2(e_1e_3 - e_0e_2) \\ m_1 = 2(e_1e_2 - e_0e_3) \\ m_2 = e_0^2 - e_1^2 + e_2^2 - e_3^2 \\ m_3 = 2(e_2e_3 + e_0e_1) \\ n_1 = 2(e_0e_2 + e_1e_3) \\ n_2 = 2(e_2e_3 - e_0e_1) \\ n_3 = e_0^2 - e_1^2 - e_2^2 + e_3^2 \end{cases} \quad (5-50)$$

飞行原理与仿真建模

此外，可以表示为

$$\begin{cases} \dot{e}_0 = -\frac{1}{2}(e_1 p + e_2 q + e_3 r) \\ \dot{e}_1 = \frac{1}{2}(e_0 p + e_2 r - e_3 q) \\ \dot{e}_2 = \frac{1}{2}(e_0 q + e_3 p - e_1 r) \\ \dot{e}_3 = \frac{1}{2}(e_0 r + e_1 q - e_2 p) \end{cases} \quad (5-51)$$

这些方程提供了由机体轴上角速度分量 p、q、r 产生 e_0、e_1、e_2、e_3 的方法。

若地面坐标系 $Ox_g y_g z_g$ 首先绕轴 z 转过偏航角 ψ，然后绕轴 y 转过俯仰角 θ，最后绕轴 x 转过滚转角 φ，就与机体坐标系重合。

这组姿态欧拉角与姿态四元数之间的关系是

$$\begin{cases} e_0 = \cos\left(\frac{1}{2}\psi\right)\cos\left(\frac{1}{2}\theta\right)\cos\left(\frac{1}{2}\varphi\right) + \sin\left(\frac{1}{2}\psi\right)\sin\left(\frac{1}{2}\theta\right)\sin\left(\frac{1}{2}\varphi\right) \\ e_1 = \cos\left(\frac{1}{2}\psi\right)\cos\left(\frac{1}{2}\theta\right)\sin\left(\frac{1}{2}\varphi\right) - \sin\left(\frac{1}{2}\psi\right)\sin\left(\frac{1}{2}\theta\right)\cos\left(\frac{1}{2}\varphi\right) \\ e_2 = \cos\left(\frac{1}{2}\psi\right)\sin\left(\frac{1}{2}\theta\right)\cos\left(\frac{1}{2}\varphi\right) + \sin\left(\frac{1}{2}\psi\right)\cos\left(\frac{1}{2}\theta\right)\sin\left(\frac{1}{2}\varphi\right) \\ e_3 = -\cos\left(\frac{1}{2}\psi\right)\sin\left(\frac{1}{2}\theta\right)\sin\left(\frac{1}{2}\varphi\right) + \sin\left(\frac{1}{2}\psi\right)\cos\left(\frac{1}{2}\theta\right)\cos\left(\frac{1}{2}\varphi\right) \end{cases}$$

$$(5-52)$$

当 ψ、θ、φ 已知时，这些表达式对于推导 e_0 等的初值是必需的。在飞行仿真方面，为了把机体坐标系上的变量转换到地面坐标系，方向余弦仍然是需要的，并用方程组（5-50）按四元数参数推导它们。飞行仪表或视景系统显示也需要欧拉角本身。由方程组（3-21）做适当选择并注意方程组（5-47）可以推导出角度：

$$\begin{cases} \theta = \arcsin(-l_3) \\ \psi = \arccos(l_1/\cos\theta) \cdot \text{sgn}[l_2] \\ \varphi = \arccos(n_3/\cos\theta) \cdot \text{sgn}[m_3] \end{cases} \quad (5-53)$$

比较求解飞机姿态的两种方法，欧拉法较为简单，广为人知，并且得到了广泛应用，它的缺点是出现奇点问题；四元数方法比较复杂，但适用于各种机动飞行。比较一下求解的顺序，可得：

欧拉法：机体速率——欧拉速率——欧拉角；

四元数法：机体速率——四元数速率——四元数——方向余弦——欧拉角。

5.5.2 双欧拉法

设想飞机相对于地面坐标系绕其体轴 z—x—y 顺序转动 ψ_r、$-\varphi_r$、$-\theta_r$ 三个反欧拉角而达到新状态,其角速度与飞机自转角速度的关系由反欧拉方程描述,即

$$\begin{cases} \dot{\psi}_r = (-p\sin\theta_r + r\cos\theta_r)\sec\varphi_r \\ \dot{\theta}_r = q - \dot{\psi}_r\sin\varphi_r \\ \dot{\varphi}_r = p\cos\theta_r + r\sin\theta_r \end{cases} \quad (5-54)$$

通过 p、q、r 可求出反欧拉角 ψ_r、φ_r、θ_r,由地面坐标系转换到机体坐标系的方向余弦矩阵 $\boldsymbol{A}$ 如下:

$$\boldsymbol{A} = \begin{bmatrix} l_1 & l_2 & l_3 \\ m_1 & m_2 & m_3 \\ n_1 & n_2 & n_3 \end{bmatrix} \quad (5-55)$$

式中,

$$\begin{cases} l_1 = \cos\psi_r\cos\theta_r - \sin\psi_r\sin\theta_r\sin\varphi_r \\ l_2 = \sin\psi_r\cos\theta_r + \cos\psi_r\sin\theta_r\sin\varphi_r \\ l_3 = -\sin\theta_r\cos\varphi_r \\ m_1 = -\sin\psi_r\cos\varphi_r \\ m_2 = \cos\psi_r\cos\varphi_r \\ m_3 = \sin\varphi_r \\ n_1 = \cos\psi_r\sin\theta_r + \sin\psi_r\cos\theta_r\sin\varphi_r \\ n_2 = \sin\psi_r\sin\theta_r - \cos\psi_r\cos\theta_r\sin\varphi_r \\ n_3 = \cos\theta_r\cos\varphi_r \end{cases} \quad (5-56)$$

比较式(5-55)和式(5-56)可求出正/反欧拉方程转换时,反欧拉角的预备值:

$$\begin{cases} \sin\varphi_r = \sin\varphi\cos\theta \\ \tan\theta_r = \tan\theta\sec\varphi \\ \tan\psi_r = \dfrac{\cos\varphi\sin\psi - \sin\varphi\sin\theta\cos\psi}{\cos\varphi\cos\psi + \sin\varphi\sin\theta\sin\psi} \end{cases} \quad (5-57)$$

比较式(5-55)和式(5-56),亦可求出 ψ、θ、φ:

$$\begin{cases} \sin\theta = \sin\theta_r \cos\varphi_r \\ \tan\varphi = \tan\varphi_r \sec\theta_r \\ \tan\psi = \dfrac{\sin\psi_r \cos\theta_r + \cos\psi_r \sin\theta_r \sin\varphi_r}{\cos\psi_r \cos\theta_r - \sin\psi_r \sin\theta_r \sin\varphi_r} \end{cases} \quad (5-58)$$

|5.6 飞行系统建模编程实例|

5.6.1 实例一 插值运算模块

```
//一维插值函数
double acfgn1(double num0,double dn,double num,double dataf[9])
{
int i,ii;
double jg;
i=(int)((num-num0)/dn);
num0=num0+(double)i  dn;
ii=int(num0/dn);
jg=dataf[ii]+(num-num0)  (dataf[ii+1]-dataf[ii])/dn;
return(jg);
}

//三维插值函数
double acfgn3(double num10,double dn1,double num1,
    double num20,double dn2,double num2,
        double num30,double dn3,double num3,double dataf[5*13][9])
{
int i,j,k,ii,jj;
double jg1,jg2,jg;
i=(int)((num1-num10)/dn1); j=(int)((num2-num20)/dn2);
k=(int)((num3-num30)/dn3);
```

```
num10 = num10 + (double)i * dn1; num20 = num20 + (double)j * dn2;
num30 = num30 + (double)k * dn3;
ii = int(num20/5000 + num10/2 * 5);
jj = int(num30 * 10);

jg1 = dataf[ii][jj] + (num3 - num30) * (dataf[ii][jj + 1] - dataf
[ii][jj])/dn3;          //上一个迎角的
jg2 = dataf[ii + 1][jj] + (num3 - num30) * (dataf[ii + 1][jj + 1] -
dataf[ii + 1][jj])/dn3;
jg = jg1 + (num2 - num20) * (jg2 - jg1)/dn2;             //比所求迎角
小的且高度和马赫数正好的气动系数
jg1 = dataf[ii + 5][jj] + (num3 - num30) * (dataf[ii + 5][jj + 1] -
dataf[ii + 5][jj])/dn3;
jg2 = dataf[ii + 6][jj] + (num3 - num30) * (dataf[ii + 6][jj + 1] -
dataf[ii + 6][jj])/dn3;
jg1 = jg1 + (num2 - num20) * (jg2 - jg1)/dn2;            //比所求迎角
大的且高度和马赫数正好的气动系数

jg = jg + (num1 - num10) * (jg1 - jg)/dn1;               //插值求出气
动系数
return jg;
}
```

5.6.2 实例二 发动机推力模块

```
//发动机推力模块

//计算单台发动机推力在 x 轴的分量
raxloss = 0;
raxpx1 = 9.8 * rext1 * (1 - raxloss);
raxpx2 = 9.8 * rext2 * (1 - raxloss);
raxpx3 = 9.8 * rext3 * (1 - raxloss);
raxpx4 = 9.8 * rext4 * (1 - raxloss);

//计算总的发动机推力在 x 轴的分量
```

```
raxftx = raxpx1 + raxpx2 + raxpx3 + raxpx4;
```

//计算单台发动机的进气量
```
raxwt1 = raxvt * raxcalfa * raxcbeta * raxse1 * raxluo;
raxwt2 = raxvt * raxcalfa * raxcbeta * raxse2 * raxluo;
raxwt3 = raxvt * raxcalfa * raxcbeta * raxse3 * raxluo;
raxwt4 = raxvt * raxcalfa * raxcbeta * raxse4 * raxluo;
```

//计算单台发动机推力在 y 轴的分量
```
raxpy1 = raxwt1 * raxvt * raxsalfa;
raxpy2 = raxwt2 * raxvt * raxsalfa;
raxpy3 = raxwt3 * raxvt * raxsalfa;
raxpy4 = raxwt4 * raxvt * raxsalfa;
```

//计算总的发动机推力在 y 轴的分量
```
raxfty = raxpy1 + raxpy2 + raxpy3 + raxpy4;
```

//计算单台发动机推力在 z 轴的分量
```
raxpz1 = - raxwt1 * raxvt * raxsbeta;
raxpz2 = - raxwt2 * raxvt * raxsbeta;
raxpz3 = - raxwt3 * raxvt * raxsbeta;
raxpz4 = - raxwt4 * raxvt * raxsbeta;
```

//计算总的发动机推力在 z 轴的分量
```
raxftz = raxpz1 + raxpz2 + raxpz3 + raxpz4;
```

//发动机推力力矩模块

//计算发动机推力沿 z 轴的力到飞机重心的 x 向距离
```
raxxt = raxcg1 - raxxgt;
```

//计算发动机推力产生的偏航力矩
```
raxmyt = raxpx1 * raxzt1 + raxpx2 * raxzt2 + raxpx3 * raxzt3 + raxpx4 * raxzt4 - raxftz * raxxt;
```

//计算发动机推力产生的俯仰力矩
raxmzt = raxfty * raxxt + raxftx * raxyg;

5.6.3 实例三 起落架力和力矩模块

```
raxxfront = raxcg1 - raxx_front;
raxxmain = raxx_main - raxcg1;
raxftx1 = raxftx   raxcalfa;
raxcoeffront = raxcoefroll;//前轮摩擦系数
//左主轮摩擦系数
raxcoefleft = raxcoefroll + raxcoefbrake (pl/p0);
//右主轮摩擦系数
raxcoefright = raxcoefroll + raxcoefbrake (pr/p0);
if(raxhgcg < =4.10)//飞机接地
{
 raxnn = raxgwkg * 9.8 - raxy - raxftx * raxsalfa;   //全机地面支撑力
        if(raxnn < =0) raxnn = 0;
}
else
{
 raxnn = 0;
}

if(raxnn > 0)
{
    //主轮地面支撑力
    raxnmain = (raxmza + raxmzt + raxnn * (raxxfront - raxcoef-
front * raxymain))/(raxxfront +
    raxxmain + (raxcoefleft + raxcoefright) * raxymain/2 -
raxcoeffront * raxymain);
    //前轮地面支撑力
    raxnfront = raxnn - raxnmain;
 if(raxnfront < =0) raxnfront = 0;
```

```
if(raxnfront>0)
{
    raxnleft=raxnmain/2;                        //左轮地面支撑力
raxnright=raxnmain/2;                           //右轮地面支撑力
    raxfleft=raxcoefleft*raxnleft;              //左轮地面摩擦力
raxfright=raxcoefright*raxnright;               //右轮地面摩擦力
raxffront=raxcoefroll*raxnfront;
raxmyfront=0.0;

//地面坐标系下起落架的力和力矩
    raxff=(raxffront+raxfleft+raxfright);
        raxfgx1=-(raxffront+raxfleft+raxfright);
raxfgy1=raxnn;
raxfgz1=raxfzfront;
raxmxg1=0;
raxmyg1=raxfleft*raxzleft-raxfright*raxzright+raxmyfront;
raxmzg1=-raxmza-raxmzt;

        if(raxftx1<=raxff&&raxvt<0.3)
        {
raxfgx1=-raxftx1;
raxfgy1=raxnn;
raxfgz1=0;
raxmxg1=0;
raxmyg1=0;
raxmzg1=0;
        }
}
else
{
        raxnleft=raxnn/2;
raxnright=raxnn/2;
```

```
raxfleft = raxcoefleft * raxnleft;
raxfright = raxcoefright * raxnright;
raxdpsiql = 0.0;

raxfgx1 = -(raxfleft + raxfright);
raxfgy1 = raxnn;
raxfgz1 = 0;
raxmxg1 = 0;
raxmyg1 = raxfleft * raxzleft - raxfright * raxzright;
raxmzg1 = - raxnn * raxxmain - (raxfleft + raxfright) * raxymain;
        }
    }
    else
       {
    raxfgx1 = 0;
    raxfgy1 = 0;
    raxfgz1 = 0;
    raxmxg1 = 0;
    raxmyg1 = 0;
    raxmzg1 = 0;
       }

//地面坐标系转换到机体坐标系
//起落架力
raxfgx = raxfgx1 * raxcalfa + raxfgy1 * raxsalfa;
raxfgy = - raxfgx1 * raxsalfa + raxfgy1 * raxcalfa;
raxfgz = raxfgz1;

//起落架力矩
raxmxg = raxmxg1 * raxcalfa + raxmyg1 * raxsalfa;
raxmyg = - raxmxg1 * raxsalfa + raxmyg1 * raxcalfa;
raxmzg = raxmzg1;
```

习 题

1. 简述数学仿真的基本过程。
2. 飞行模拟器仿真软件的特点是什么?
3. 飞行实时仿真数据库由哪几部分组成?
4. 说明数据预处理及函数生成方法。
5. 简述飞机姿态角变化率与飞机角速度的关系。
6. 推导飞机线速度计算公式。
7. 推导飞机角速度计算公式。
8. 影响飞机气动系数的因素有哪些?
9. 四元数法的作用是什么?

附 录

在飞行系统的建模中，常常需要用到一些大气数据，如大气密度、温度、声速等数据，为了便于建立计算模型，在这里给出有关标准大气的参数数据表。

附录1 国际标准大气数据表

高度 H/m	温度 T/K	压力 p/Pa	密度 ρ/(kg·m^{-3})	声速 a/(m·s^{-1})	动力黏度 μ/(×10^5 Pa·s)
0	288.150	101 325	1.225 0	340.29	1.789 4
1 000	281.651	89 876	1.111 7	336.43	1.757 9
2 000	275.154	79 501	1.006 6	332.53	1.726 0
3 000	268.659	70 121	0.909 25	328.58	1.693 8
4 000	262.166	61 660	0.819 35	324.59	1.661 2
5 000	255.676	54 048	0.736 43	320.55	1.628 2
6 000	249.187	47 217	0.660 11	316.45	1.594 9
7 000	242.700	41 105	0.590 02	312.31	1.561 2
8 000	236.215	35 651	0.525 79	308.11	1.527 1
9 000	229.733	30 800	0.467 06	303.83	1.492 6
10 000	223.252	26 499	0.413 51	299.53	1.457 7
11 000	216.774	22 699	0.364 80	295.15	1.422 3
12 000	216.650	19 339	0.311 94	295.07	1.421 6
13 000	216.650	16 579	0.266 60	295.07	1.421 6
14 000	216.650	14 170	0.227 86	295.07	1.421 6
15 000	216.650	12 111	0.194 76	295.07	1.421 6
16 000	216.650	10 352	0.166 47	295.07	1.421 6
17 000	216.650	8 849.7	0.142 30	295.07	1.421 6
18 000	216.650	7 565.2	0.121 65	295.07	1.421 6
19 000	216.650	6 467.4	0.104 00	295.07	1.421 6
20 000	216.650	5 529.3	0.088 910	295.07	1.421 6
21 000	217.581	4 728.9	0.075 715	295.70	1.426 7
22 000	218.574	4 047.5	0.064 510	296.38	1.432 2
23 000	219.567	3 466.8	0.055 006	297.05	1.437 6

续表

高度 H/m	温度 T/K	压力 p/Pa	密度 $\rho/$ ($kg \cdot m^{-3}$)	声速 $a/$ ($m \cdot s^{-1}$)	动力黏度 $\mu/$ ($\times 10^5 Pa \cdot s$)
24 000	220.560	2 971.7	0.046 938	297.72	1.443 0
25 000	221.552	2 549.2	0.040 084	298.39	1.448 4
26 000	222.544	2 188.3	0.034 257	299.06	1.453 8
27 000	223.536	1 879.9	0.029 298	299.72	1.459 2
28 000	224.527	1 616.1	0.025 076	300.39	1.464 6
29 000	225.518	1 390.4	0.021 478	301.05	1.469 9
30 000	226.509	1 197.0	0.018 410	301.71	1.475 3

附录2 主要参数对照关系表

这里列出一些主要飞行参数、气动系（导）数在我国国家标准 GB/T 14410.2—1993 中的符号和我国往常所用符号之间的差别及其相互关系。

气动系数

名称	意义	国家标准	往常所用符号	两种符号关系
气动力系数	阻力系数	C_D	C_x	
	升力系数	C_L	C_y	
	侧力系数	C_C	C_z	
气动力矩系数	滚转力矩系数	C_l	m_x	
	偏航力矩系数	C_n	m_y	正、负相反
	俯仰力矩系数	C_m	m_z	

气动力和力矩

名称	意义	国家标准	往常所用符号	两种符号关系
气动力	升力	L	Y	
	阻力	D	Q	
	侧力	C	Z	

续表

名称	意义	国家标准	往常所用符号	两种符号关系
气动力矩	滚转力矩	L	M_x	
	偏航力矩	N	M_y	正、负相反
	俯仰力矩	M	M_z	

气动导数

名称	意义	国家标准	往常所用符号	两种符号关系
纵向气动导数	飞机升力线斜率	C_{La}	C_y^α	
	升降舵偏转1°产生的升力系数	$C_{L\delta_e}$	$C_y^{\delta_z}$	
	升降舵效率	$C_{m\delta_e}$	$m_z^{\delta_z}$	
	飞机纵向静稳定度	C_{mC_L}	m_z^ω	
	纵向无因次阻尼导数	C_{mq}	$m_z^{\omega z}$	$C_{mq} = 2 m_z^{\omega z}$
	纵向无因次下洗延迟导数	$C_{m\dot\alpha}$	$m_z^{\dot\alpha}$	$C_{m\dot\alpha} = 2 m_z^{\dot\alpha}$
	飞机的零升俯仰力矩系数	C_{m0}	m_{z0}	
横侧气动导数	1°侧滑角所产生的侧力系数	$C_{C\beta}$	C_z^β	
	方向舵偏转1°产生的侧力系数	$C_{C\delta_r}$	$C_z^{\delta_y}$	正、负相反
	航向静稳定度	$C_{n\beta}$	m_y^β	正、负相反
	副翼偏转1产生的偏航力矩系数	$C_{n\delta_a}$	$m_y^{\delta_x}$	正、负相反
	方向舵偏转产生的偏航力矩系数	$C_{n\delta_r}$	$m_y^{\delta_y}$	
	横侧无因次交叉导数	C_{np}	$m_y^{\omega x}$	正、负相反
	横侧无因次阻尼导数	C_{nr}	$m_y^{\omega y}$	
	横向静稳定度	$C_{l\beta}$	m_x^β	
	副翼效率	$C_{l\delta_a}$	$m_x^{\delta_x}$	
	方向舵偏转1°产生的滚转力矩系数	$C_{l\delta_r}$	$m_x^{\delta_y}$	正、负相反
	横向无因次阻尼导数	C_{lp}	$m_x^{\omega x}$	
	横向无因次交叉导数	C_{lr}	$m_x^{\omega y}$	正、负相反

状态参数

名称	意义	国家标准	往常所用符号	两种符号关系
角速度	滚转角速度	p	ω_x	
	俯仰角速度	q	ω_z	
	偏航角速度	r	ω_y	正、负相反
线速度	x 轴线速度分量	u	v_x	
	y 轴线速度分量	v	v_y	
	z 轴线速度分量	w	v_z	正、负相反
欧拉角	偏航角	ψ	ψ	正、负相反
	俯仰角	θ	θ	
	滚转角	φ	γ	
舵偏角	副翼偏转角	δ_a	δ_x	
	方向舵偏转角	δ_r	δ_y	正、负相反
	升降舵偏转角	δ_e	δ_z	
辅助操纵面	襟翼偏角	δ_F	δ_{jy}	
	起落架偏角	δ_{GR}	δ_{LG}	
迎角侧滑角	迎角	α	α	
	侧滑角	β	β	

参 考 文 献

[1] 吴重光. 仿真技术 [M]. 北京：化学工业出版社，2000.
[2] 肖元田. 系统仿真导论 [M]. 北京：清华大学出版社，2000.
[3] 韩慧君. 系统仿真 [M]. 北京：国防工业出版社，1985.
[4] 何江华. 计算机仿真导论 [M]. 北京：科学出版社，2001.
[5] 冯允成，邹志红，周泓. 离散系统仿真 [M]. 北京：机械工业出版社，1998.
[6] 刘藻珍，魏华梁. 系统仿真 [M]. 北京：北京理工大学出版社，1998.
[7] 黄柯棣，等. 系统仿真技术 [M]. 长沙：国防科学技术大学出版社，1998.
[8] 曾广达. 系统辨误与仿真 [M]. 成都：电子科技大学出版社，1995.
[9] 熊光楞，彭毅，等. 先进仿真技术与仿真环境 [M]. 北京：国防工业出版社，1997.
[10] 白方周，张雷. 定性仿真导论 [M]. 合肥：中国科学技术大学出版社，1998.
[11] 李庆扬，王能超，易大义. 数值分析 [M]. 5 版. 北京：清华大学出版社，2008.
[12] 冯康，等. 数值计算方法 [M]. 北京：国防工业出版社，1978.
[13] 雷功炎. 数学模型讲义 [M]. 北京：北京大学出版社，1999.
[14] 肖尚斌. 四元数及其应用 [J]. 力学进展，1993，23（2）：249～260.
[15] 丁丽娟. 数值计算方法 [M]. 北京：北京理工大学出版社，1997.
[16] 何庆芝. 航空航天概论 [M]. 北京：北京航空航天大学出版社，1997.
[17] 方振平，陈万春，张曙光，等. 航空飞行器飞行动力学 [M]. 北京：北京航空航天大学出版社，2005.
[18] 王新民. 计算机仿真技术与应用 [M]. 西安：西北工业大学出版社，2004.
[19] 姜玉宪. 控制系统仿真 [M]. 北京：北京航空航天大学出版社，1998.

[20] 王行仁. 飞行实时仿真系统及技术 [M]. 北京：北京航空航天大学出版社，1998.
[21] 刘瑞叶. 计算机仿真技术基础 [M]. 北京：电子工业出版社，2004.
[22] 关治，陆金甫. 数值分析基础 [M]. 北京：高等教育出版社，1998.
[23] 王能超. 计算方法简明教程 [M]. 北京：高等教育出版社，2004.
[24] 徐士良. 数值分析与算法 [M]. 北京：机械工业出版社，2003.
[25] 叶其孝，沈永欢. 实用数学手册 [M]. 北京：科学出版社，2006.
[26] 王正中，屠仁寿. 现代计算机仿真技术及其应用 [M]. 北京：国防工业出版社，1991.